用电信息采集系统运行与维护

典型案例分析

主　编　吴　琦　马振宇

副主编　翁东波　马璐瑶　赵　枫

中国矿业大学出版社

· 徐州 ·

内容提要

本书从分析用电信息采集系统现场实际运行中的30个典型案例入手，阐述、总结了用电信息采集系统的基本原理、运行与维护的注意事项、排查问题的方式方法、预防异常的要点等内容，可以为供电企业提高用电信息采集系统运行的可靠性和准确性提供参考解决方案，以达到提升用电信息采集系统运行与维护的工作水平。

图书在版编目(CIP)数据

用电信息采集系统运行与维护典型案例分析/吴琦，马振宇主编.—徐州：中国矿业大学出版社，2019.12

ISBN 978-7-5646-4597-7

Ⅰ.①用… Ⅱ.①吴…②马… Ⅲ.①用电管理—管理信息系统—电力系统运行 ②用电管理—管理信息系统—维护 Ⅳ.①TM92-39

中国版本图书馆CIP数据核字(2019)第298897号

书　　名　用电信息采集系统运行与维护典型案例分析

主　　编　吴　琦　马振宇

责任编辑　黄本斌

出版发行　中国矿业大学出版社有限责任公司

（江苏省徐州市解放南路　邮编221008）

营销热线　(0516)83884103　83885105

出版服务　(0516)83995789　83884920

网　　址　http://www.cumtp.com　**E-mail**:cumtpvip@cumtp.com

印　　刷　虎彩印艺股份有限公司

开　　本　710 mm×1000 mm　1/16　**印张** 8　**字数** 118千字

版次印次　2019年12月第1版　2019年12月第1次印刷

定　　价　38.00元

《用电信息采集系统运行与维护典型案例分析》
编委会

主　　编　吴　琦　马振宇

副 主 编　翁东波　马璐瑶　赵　枫

参编人员　张业前　张金花　洪卫星　张明福
赵　伟　宋雅楠　王　强　王尧亮
应　春　姜　睿　吴可汗　钱舟浩
秦正阳

前　言

本书基于新形势下对用电信息采集系统运行与维护管理的要求,依据国家、电力行业、国家电网有限公司最新的技术标准和管理规则而编写的。通过总结近年来用电信息采集系统运行与维护工作中的实践案例,对典型案例进行了详细分析诊断并给出了排查方法,旨在达到提高用电信息采集人员现场工作专业技能水平,提升用电信息采集系统的可靠性和准确性,进一步提高供电企业服务水平的目的。

本书精选用电信息采集系统运行中的30个典型案例,并对这些案例进行了分析,提出了解决方法和防范要点,具有较强的实用性。

在本书的编写过程中,国网淮南供电公司、国网合肥供电公司、国网芜湖供电公司、国网宿州供电公司、国网蚌埠供电公司、安徽南瑞中天电力电子有限公司和国网安徽省电力有限公司培训中心等单位选派专家参与编写,给予技术支持,提供现场资料并进行测试验证工作,在此表示衷心的感谢。

由于编者水平所限,本书难免有疏漏和不当之处,恳请广大读者批评指正,以帮助不断完善。

编者

2019年7月

目　　录

案例 1　主站服务器磁盘坏道的发现及解决过程

摘要:本案例描述了主站服务器遭遇突然断电,造成磁盘出现坏道的现象,对故障现象产生的原因进行了甄别、归纳,提出了在主站服务器磁盘出现坏道导致存储瘫痪等此类故障的解决方法,以便于提升故障诊断处理能力,提高运行质量和效率。

异常分类:服务器异常

1. 案例描述

某用电信息采集系统中的一台主站服务器,其底层是由 6 块 300 GB SAS(serial attached SCSI)硬盘组成的磁盘列阵 RAID(redundant array of independent disk)。运行中,RAID 出现了两块磁盘亮黄灯,导致 RAID 5 崩溃。磁盘中存放的是 Oracle 数据库文件,在服务器系统的上层只有一个卷,卷的标称容量为 1.5 TB。此次磁盘故障导致服务器异常。

2. 原因分析

主站运行与维护人员首先查看了系统的目录情况,发现根分区和 upgrade 分区变成了 read－only system。碰到这个问题后,工作人员的第一反应是很可能硬件出现了故障,使用了如下的方法来检测和排除故障:

使用“dmesg”检查是否存在磁盘错误的信息,结果发现大量磁盘扇区错误，提示如下："end_request：I/O error，dev 03:06 (sda)，sector"。

从上面的输出信息可以初步判定磁盘扇区可能出现了问题，使用"badblocks －s －v －o/root/badblocks.log/dev/sda"检查硬盘是否产生坏道并将结果输出到 badblocks. log 中。badblocks. log 的模式为："64039224 64039240 64039241 64039242 64039243 64039256 64039257 64039258 64039259 687056"。

3. 处理措施

修复方法一：

检查磁盘坏道时，可以使用"mkfs.ext2"的命令，带上参数－c，用只读的方式检查硬盘。使用"man"命令查看"mkfs.ext2"时需要带上参数，并输入下面命令：

```
# man mkfs.ext2
```

由其显示结果可以看到"mkfs.ext2"支持的功能和参数。

```
# man mkfs.ext2
mke2fs [ －c | －l filename ] [ －b block－size ] [ －f
fragment－size ] [ －i
……
```

上面代码表示：－c 是在创建文件系统前检查坏道的硬盘，－b 是检查"block"的大小，－f 是检查碎裂的大小。这个操作已经很清楚地说明可以在"mkfs.ext2 －c"选项中用"read－only"方式检查硬盘。这个命令会在格式化硬盘时检查硬盘，并标出错误的硬盘"block"。用这个方法格式化硬盘，运行时间较长。操作方法如下：

```
# mkfs.ext2 －c
/dev/hda1
```

修复方法二：

根据经验,磁盘坏道通常会波及其他区域,尤其是邻近的“block”。此外还有些“block”会有以下情况:读写 16 次中有一两次会出现读写错误的情况。此类情况具体修复方法如下,先输入下面命令:

```
# man badblocks
```

查看“badblocks”所带的参数,由结果可以看到显示“badblocks”支持的功能和参数。

```
NAME
badblocks — search a device for bad blocks
badblocks [ —svwnf ] [ —b block—size ]
[ —c blocks_at_once ] [ —i input_file ]
[ —o output_file ] [ —p num_passes ] device [ last—block ]
[ start—block ]
—b block—size
—c number of blocks
……
```

上面的程序表明:badblocks 检查寻找一个设备上的坏道,其中—b 是“block”的大小,—c 是检查的次数,—i 是输入文件,—o 是输出文件,—p 是通过的数量。

硬盘在格式化时会指定一个“block”的大小,默认值为“block 4K”(4K/block)。“badblocks”在检查坏道时并不知道将来想要格式化时所指定的“block—size”,所以必须告知“badblocks”在硬盘中的“block size”。

“—c number of blocks”是检查的次数,默认是 16 次,其程序如下:

```
# badblocks —b 4096 —c 16 /dev/hda1 —o
hda—badblocks—list
```

其中,“badblocks”以 4096 字节为一个“block”,每一个“block”检查 16 次,将结果输出到“hda—badblocks—list”文件中。

“hda—badblocks—list”是个文本文件,其内容如下:

```
# cat hda-badblocks-list
51249
51250
51251
51253
51254
……
61245
……
```

如果希望找出可疑的“blocks”，并一起标记出来，可以针对可疑的区块多做几次操作：

```
# badblocks -b 4096 -c 1 /dev/hda1 -o hda-badblocks-list.1
63000 51000
```

“badblocks”以4096字节为一个block，每一个block检查1次，将结果输出到“hda-badblocks-list.1”文件中，自第51000个“block”开始，到第63000个“block”结束。这次运行时间较短，硬盘在指定的情况下会在很短的时间内就产生“嘎嘎嘎嘎”的响声。

```
# cat hda-badblocks-list.1
51248
51250
51251
51253
……
61243
61245
……
```

重复几次上述的操作，因检查条件有所不同，所以结果也有所不同。进行多次操作后，产生了最后的“hda-badblocks-list.final”，此后再格式化硬盘，输入下面代码：

```
# man mkfs.ext2
```

由其结果可以看到执行命令“mkfs.ext2 ”后展示的功能和参数。

```
NAME mke2fs — create an ext2/3 filesystem
……
```

“mkfs.ext2”是一个用来创建“ext2/3”的系统文件。

磁盘坏道修复后，剩下的工作交给数据库工程师处理。数据库工程师将卷里的文件都拷贝出来，进行数据库验证和数据的导入工作。在数据库文件校验正常、导入顺利后将数据库重新备份，并把数据库文件和备份文件一同交给用户。数据恢复成功。

4. 防范要点

硬盘有了坏道，如果不是老化问题造成的，那么就有可能是日常使用时不规范造成的，比如对硬盘过分频繁地整理碎片，内存太少以致应用软件对硬盘频频访问等；如果忽略对硬盘的防尘处理也会导致硬盘磁头因定位困难而引发机械故障。此外，对CPU超频引起外频增高，迫使硬盘长时间在过高的电压下工作，也会引发故障。所以，对硬盘的日常操作应当规范、谨慎。

磁盘坏道分为以下三种，即0磁道坏道、逻辑坏道和硬盘坏道。其中，逻辑坏道可以使用上面的方法修复；0磁道坏道的修复方法是隔离0磁道，使用“fdsk”从1磁道开始划分。如果是硬盘坏道，那么只能隔离不能修复。硬盘坏道的检测方法：先使用上述方法检测修复后，再使用“badblocks －s －v －o/root/badblocks.log/dev/sda”检测是否还有坏道存在；如果坏道依然存在，那么说明坏道属于硬盘坏道。硬盘坏道隔离方法：首先记录检测出的硬盘坏道，将磁盘进行重新分区；然后在分区时把硬盘坏道所在的扇区分在一个分区，划分出的坏道分区不使用即可达到隔离的目的。隔离只是暂时方案，建议尽快更换硬盘，以免坏道扩散后出现更加严重的数据问题。

案例 2　停电导致主站系统数据丢失的恢复方法

摘要：本案例描述了由于停电导致主站系统数据丢失的现象，在对此类异常现象原因进行甄别、归纳后，提出了解决数据恢复的方法，以便提升故障诊断和处理能力，提高运行质量和效率。

异常分类：主站异常

1. 案例描述

突然断电致使用电信息采集系统 Xen Server 服务器中的一台 VPS（即 Xen Server 虚拟机）不能使用，造成虚拟磁盘中的文件丢失。其硬件环境为 Dell 720 服务器中配有一张 H710P 的 RAID 卡以及 4 块希捷 2 T STAT 硬盘组成的 RAID 10。上层系统运行环境是 Xen Server 6.2 版本操作系统。虚拟机是由 Windows Server 2003 系统，10 G 系统盘 ＋ 5 G 数据盘两个虚拟机磁盘组成的。上层服务器是 Web 服务器（ASP ＋ SQL 2005 的网站架构）。

2. 原因分析

为确保原始数据的安全，应将数据盘连接到恢复环境的服务器上，并对数据进行镜像备份。需要准备的存储空间应超过客户硬盘总容量并将数据以底层扇区的方式进行镜像备份。

本案例中，在分析底层数据时发现 Xen Server 服务器中虚拟机的磁盘均以逻辑卷管理器(Logical Volume Manager,LVM)的结构存放，即每个虚拟机的虚拟磁盘都是一个逻辑卷(Logical Volume,LV)，并且虚拟磁盘的模式为精简模式。LVM 的相关信息在 Xen Server 服务器中都有记载，查看“/etc/lvm/backup/frombtye.com ”下 LVM 的相关信息并没有发现存在损坏的虚拟磁盘信息，因此可以断定 LVM 的信息已经被更新了。接着分析底层，看能否找到未被更新的 LVM 信息。最后在底层发现了尚未被更新的 LVM 信息，如图 2-1 所示。

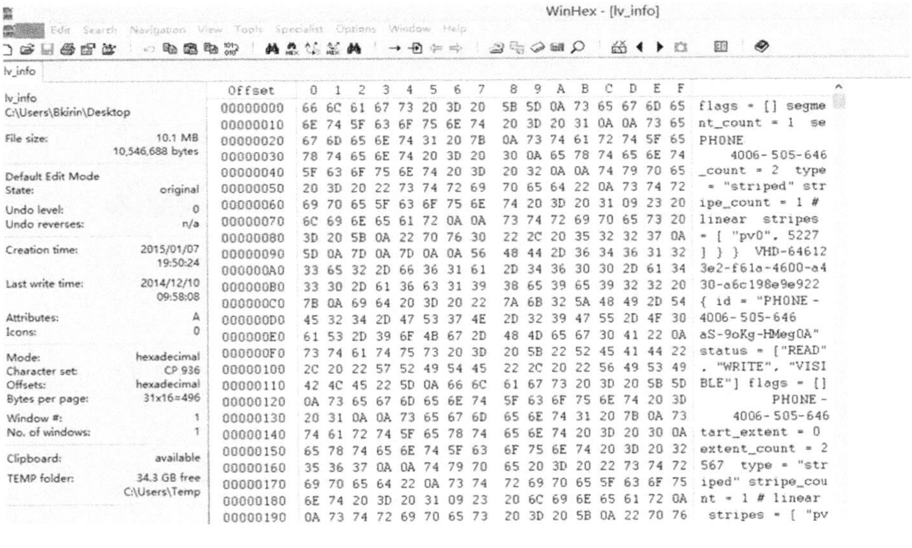

图 2-1　未被更新的 LVM 信息截图

根据未被更新的 LVM 信息找到了虚拟磁盘的数据区域，发现该区域的数据已经被破坏。分析后发现造成虚拟机不能使用的最终原因是因为虚拟机的虚拟磁盘被破坏，从而导致虚拟机中的操作系统不能应用和数据丢失。而导致这种情况的发生很有可能是虚拟机遭遇网络攻击或入侵后留下恶意程序造成的。仔细核对这片区域后发现，虽然该区域有很多数据被破坏，但是仍有很多数据库的页碎片，可以尝试将这些数据库的页碎片拼成一个可用的数据库。

3. 处理措施

根据RAR压缩包的结构可以找到很多压缩包数据的开始位置，而RAR压缩包文件的第一个扇区中会记录该RAR的文件名。因此将备份数据库的压缩包文件名和目前找到的压缩包文件名进行匹配，即可找到备份数据库压缩包的开始位置。找到压缩包的开始位置后，仔细分析这片区域的数据，然后将此区域的数据恢复出来并重命名为一个RAR格式的压缩文件。接着尝试解压该压缩包，但是出现解压报错，解压报错信息如图2-2所示。

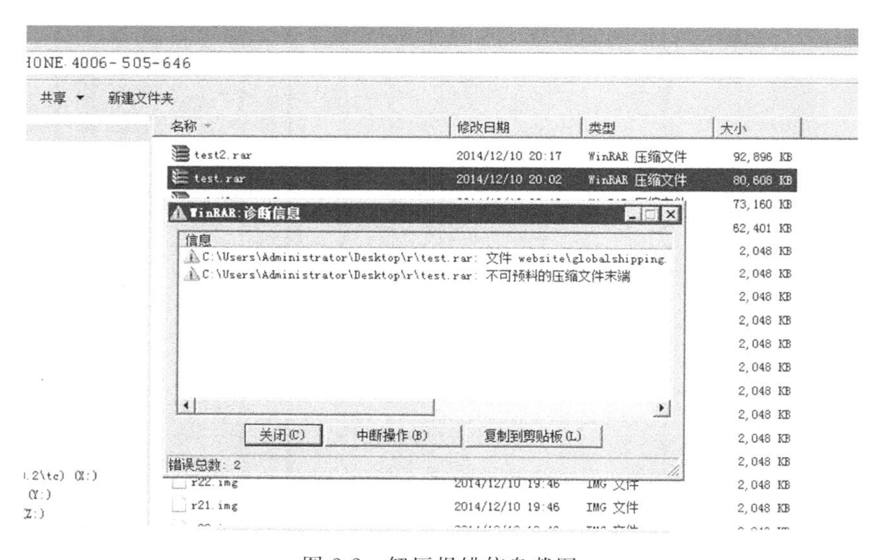

图2-2　解压报错信息截图

仔细分析恢复出来的压缩文件，发现有部分数据被破坏了，从而导致解压报错。使用RAR的修复工具尝试能否忽略错误。解压部分数据后发现修复完成后的解压数据库中只有网站的部分代码，并没有数据库的备份文件，因此可以判断数据的备份文件在RAR压缩包中被损坏。图2-3为解压出来的部分网站代码截图。

由于上述处理措施并没有将数据库恢复出来，可以采取以下处理措施。

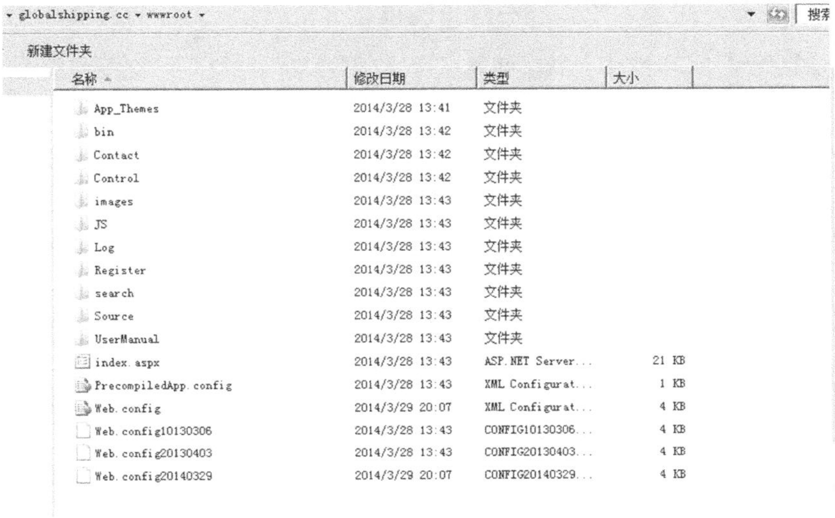

▾ globalshipping.cc ▾ wwwroot ▾　搜索

新建文件夹

名称	修改日期	类型	大小
App_Themes	2014/3/28 13:41	文件夹	
bin	2014/3/28 13:42	文件夹	
Contact	2014/3/28 13:42	文件夹	
Control	2014/3/28 13:42	文件夹	
images	2014/3/28 13:43	文件夹	
JS	2014/3/28 13:43	文件夹	
Log	2014/3/28 13:43	文件夹	
Register	2014/3/28 13:43	文件夹	
search	2014/3/28 13:43	文件夹	
Source	2014/3/28 13:43	文件夹	
UserManual	2014/3/28 13:43	文件夹	
index.aspx	2014/3/28 13:43	ASP.NET Server...	21 KB
PrecompiledApp.config	2014/3/28 13:43	XML Configurat...	1 KB
Web.config	2014/3/29 20:07	XML Configurat...	4 KB
Web.config10130306	2014/3/28 13:43	CONFIG10130306...	4 KB
Web.config20130403	2014/3/28 13:43	CONFIG20130403...	4 KB
Web.config20140329	2014/3/29 20:07	CONFIG20140329...	4 KB

图 2-3　解压出来的部分网站代码截图

首先，根据 SQL Server 数据库的结构去底层分析数据库压缩包的开始位置，在数据库的结构中，第 9 页会记录本数据库的数据库名。因此在获取数据库的名称后，再分析底层并找到此数据库的开始位置。因为数据库的每页中都会记录数据库页编号以及文件号，所以可以根据这些特征编写程序去底层扫描符合数据库页的数据。

然后，将扫描出来的碎片按顺序重组成一个完整 MDF 文件，再通过 MDF 校验程序检测整个 MDF 文件是否完整。重建的 MDF 文件如图 2-4 所示。

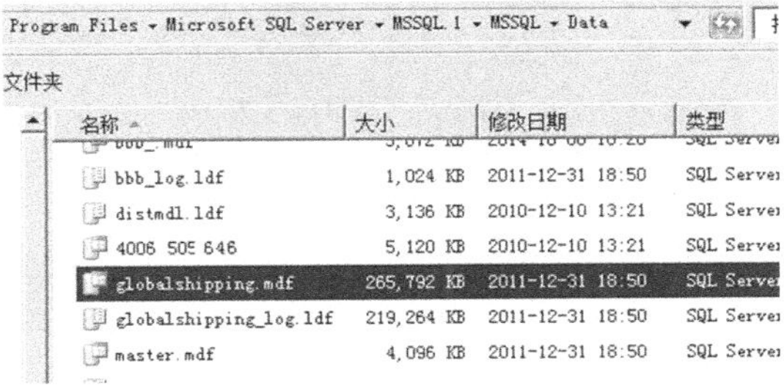

Program Files ▾ Microsoft SQL Server ▾ MSSQL.1 ▾ MSSQL ▾ Data

文件夹

名称	大小	修改日期	类型
bbb_log.ldf	1,024 KB	2011-12-31 18:50	SQL Server
distmdl.ldf	3,136 KB	2010-12-10 13:21	SQL Server
4006 505 646	5,120 KB	2010-12-10 13:21	SQL Server
globalshipping.mdf	265,792 KB	2011-12-31 18:50	SQL Server
globalshipping_log.ldf	219,264 KB	2011-12-31 18:50	SQL Server
master.mdf	4,096 KB	2011-12-31 18:50	SQL Server

图 2-4　重建的 MDF 文件截图

最后，在检测没有问题之后搭建数据库环境，将重组后的数据库附加到搭建好的数据库环境中，并查询相关表数据是否正常以及最新数据是否存在，如图 2-5 所示。

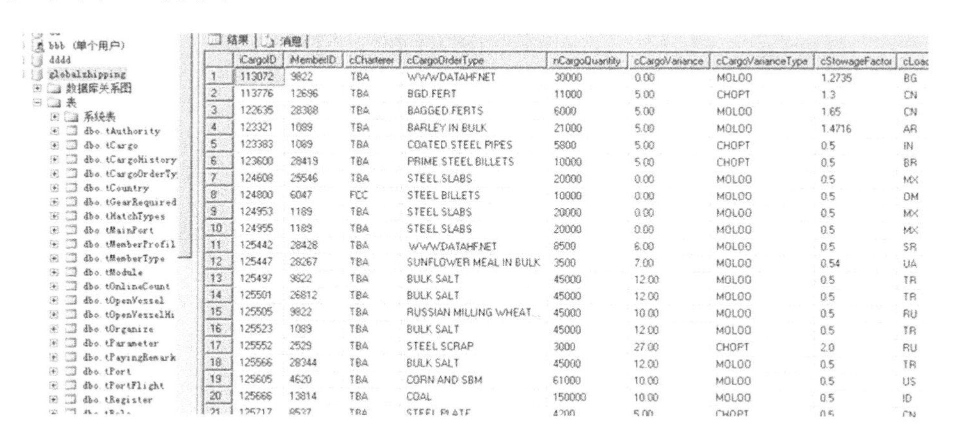

	iCargoID	iMemberID	cCharterer	cCargoOrderType	nCargoQuantity	cCargoVariance	cCargoVarianceType	cStowageFactor	cLoa
1	113072	9822	TBA	WWWDATAHF.NET	30000	0.00	MOLOO	1.2735	BG
2	113776	12696	TBA	BGD FERT	11000	5.00	CHOPT	1.3	CN
3	122635	28388	TBA	BAGGED FERTS	6000	5.00	MOLOO	1.65	CN
4	123321	1089	TBA	BARLEY IN BULK	21000	5.00	MOLOO	1.4716	AR
5	123383	1089	TBA	COATED STEEL PIPES	5800	5.00	CHOPT	0.5	IN
6	123600	28419	TBA	PRIME STEEL BILLETS	10000	5.00	CHOPT	0.5	BR
7	124608	25546	TBA	STEEL SLABS	20000	0.00	MOLOO	0.5	MX
8	124800	6047	FCC	STEEL BILLETS	10000	0.00	MOLOO	0.5	OM
9	124953	1189	TBA	STEEL SLABS	20000	0.00	MOLOO	0.5	MX
10	124955	1189	TBA	STEEL SLABS	20000	0.00	MOLOO	0.5	MX
11	125442	28428	TBA	WWWDATAHF.NET	8500	6.00	MOLOO	0.5	SR
12	125447	28267	TBA	SUNFLOWER MEAL IN BULK	3500	7.00	MOLOO	0.54	UA
13	125497	9822	TBA	BULK SALT	45000	12.00	MOLOO	0.5	TR
14	125501	26812	TBA	BULK SALT	45000	12.00	MOLOO	0.5	TR
15	125505	9822	TBA	RUSSIAN MILLING WHEAT...	45000	10.00	MOLOO	0.5	RU
16	125523	1089	TBA	BULK SALT	45000	12.00	MOLOO	0.5	TR
17	125552	2529	TBA	STEEL SCRAP	3000	27.00	CHOPT	2.0	RU
18	125566	28344	TBA	BULK SALT	45000	12.00	MOLOO	0.5	TR
19	125605	4620	TBA	CORN AND SBM	61000	10.00	MOLOO	0.5	US
20	125666	13814	TBA	COAL	150000	10.00	MOLOO	0.5	ID
21	125717	8537	TBA	STEEL PLATE	4200	5.00	CHOPT	0.5	CN

图 2-5　数据库关系表截图

4. 防范要点

（1）增加 UPS 电源，保证停电时主站服务器仍能正常工作一段时间，在迅速保存数据后再关机。

（2）及时推送停电信息，保证有备无患。

案例3　主站程序更新失误导致系统无法正常运行

摘要：本案例描述了当系统新程序更新时，操作失误导致系统无法使用的现象，对此类异常现象原因进行甄别、归纳后，提出了程序更新的正确方法，以便提升运行与维护人员的处理能力和提高运行与维护质量及效率。

异常分类：服务器异常

1. 案例描述

由于系统版本更新，主站系统停机等待发布程序。主站人员将新程序更新到测试服务器后，后台运行正常；在正式环境更新程序时，后台也未报错。但正式运行时，系统无法正常登录。

2. 原因分析

主站人员根据错误现象和运行日志分析、排查异常的原因。首先排除了程序代码问题，初步确定为服务器环境有问题。分析排查方向主要从以下几个方面入手。

（1）检查IIS配置

检查应用程序池的Net Framework版本是否正确，是否与开发环境一致，是否需要启用32位应用程序设置；检查应用程序的MIME类型是否支持项目文件中的所有文件类型。检查后发现一切正常。

(2) 检查文件路径

检查弹出框、调用文件的路径是否正确。检查后发现一切正常。

(3) 检查数据库

检查数据库是否正确还原,是否具备主键,是否拥有相关权限。检查后发现一切正常。

(4) 检查 DLL 文件(是否齐全)

有些 DLL 文件在发布的时候可能未包含在项目文件中,因此需要检查发布文件的 bin 文件夹和项目需要的 DLL 文件是否齐全。检查后发现一切正常。

(5) 检查 DLL 文件版本(是否正确)

检查 DLL 文件的版本是否与开发环境的版本一致。检查后发现一切正常。

(6) 检查 web.config 文件

检查 web.config 文件的配置是否与开发环境一致。检查后发现 web.config 文件的配置为测试环境下的配置。

检查后发现:系统无法正常运行的原因是主站人员在测试完毕后,直接将测试环境的程序更新到了正式环境,从而出现了上述异常现象。

3. 处理措施

主站人员在修改程序配置后,更新程序。

(1) 打开 eclipse 快捷方式(图 3-1),同步更新项目 java 包。

如图 3-2 所示,选中项目,双击左键,选择"team" → 选择"与资源库同步" → 选择"更新"。

注意:若配置文件(classes 文件)需要修改,可以在本地修改后再打包,免去在 Linux 环境下进行 cat/vi 修改。

图 3-1 eclipse 快捷方式

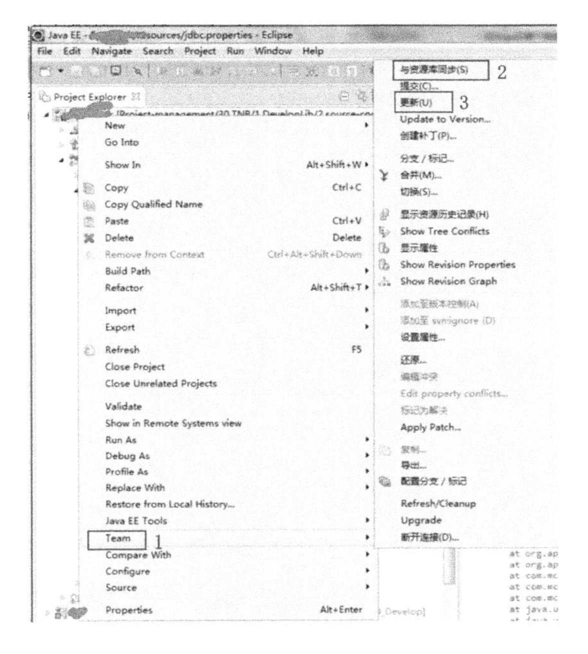

图 3-2　查找项目

若在此处不修改，导出后，只能在 Linux 环境下修改了。

此外，若没有项目，则先去 SVN 导出项目，如图 3-3 至图 3-9 所示。

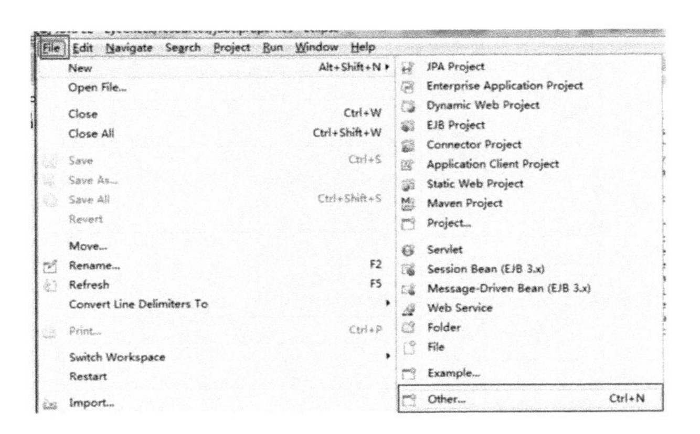

图 3-3　SVN 导出项目 1

(2) 导出压缩包，点击鼠标右键，选择 Export。

图 3-4　SVN 导出项目 2

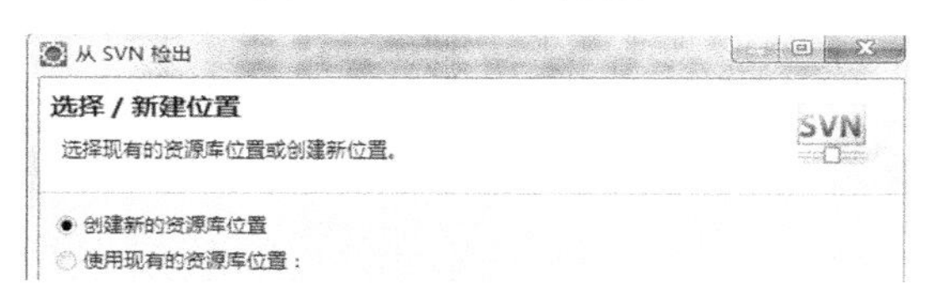

图 3-5　SVN 导出项目 3

图 3-6　SVN 导出项目 4

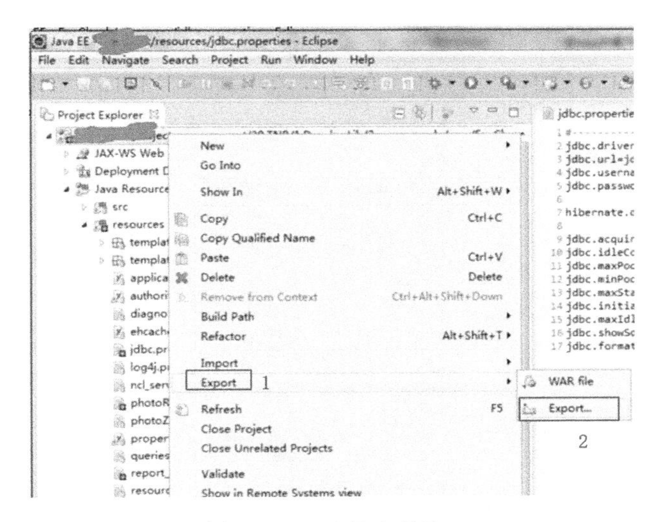

图 3-7　SVN 导出项目 5

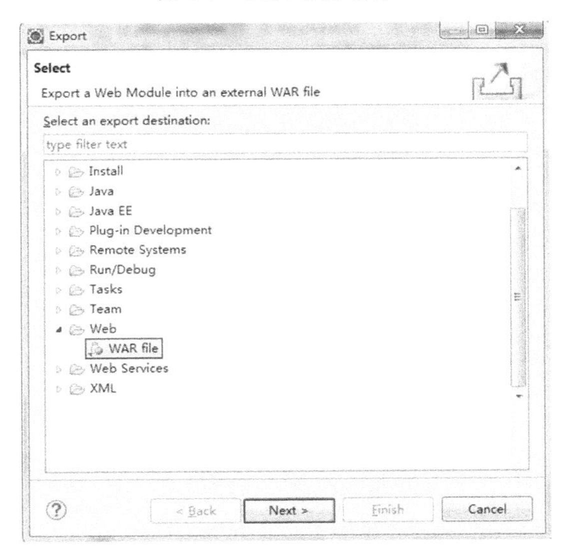

图 3-8　SVN 导出项目 6

(3) 用 Xftp 4 将本地导出的压缩包放到服务器上，如图 3-10 至图 3-12 所示。

当显示传输 100%后，即表示传输完成。

注意：若没有连接，则需要新建 FTP 地址(图 3-13)。

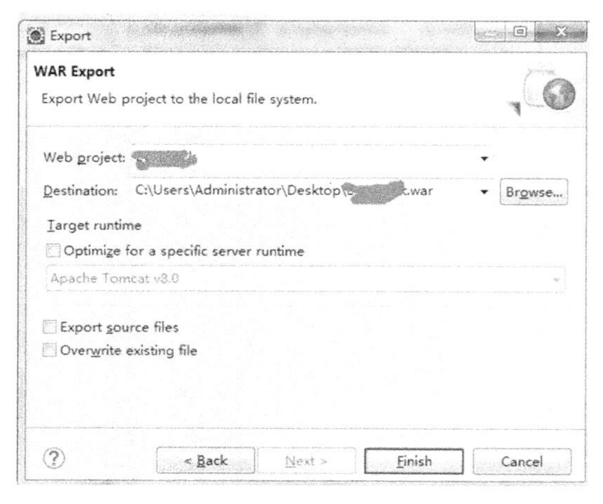

图 3-9 SVN 导出项目 7

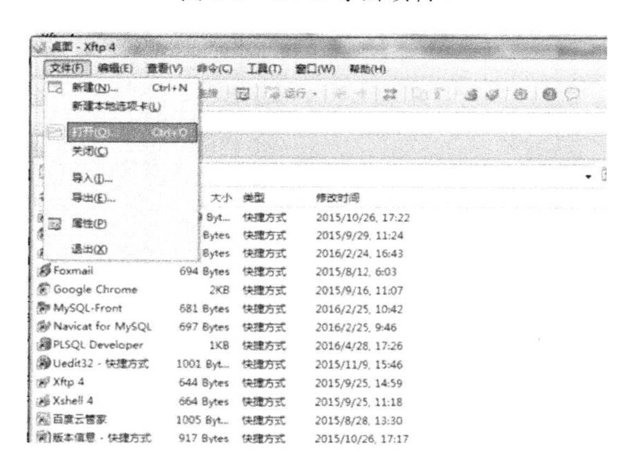

图 3-10 使用 Xftp4 工具部署的 WAR 包 1

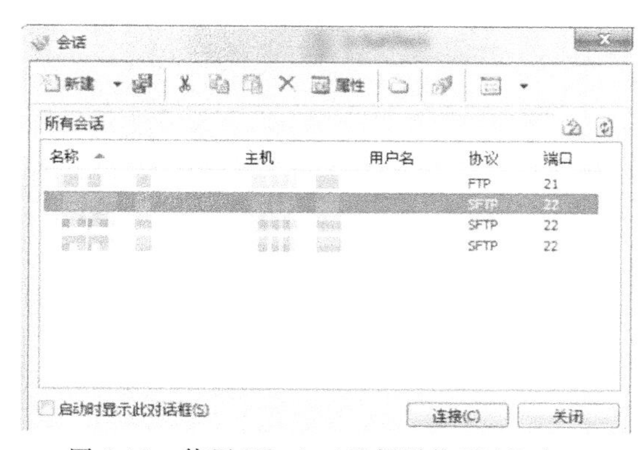

图 3-11 使用 Xftp4 工具部署的 WAR 包 2

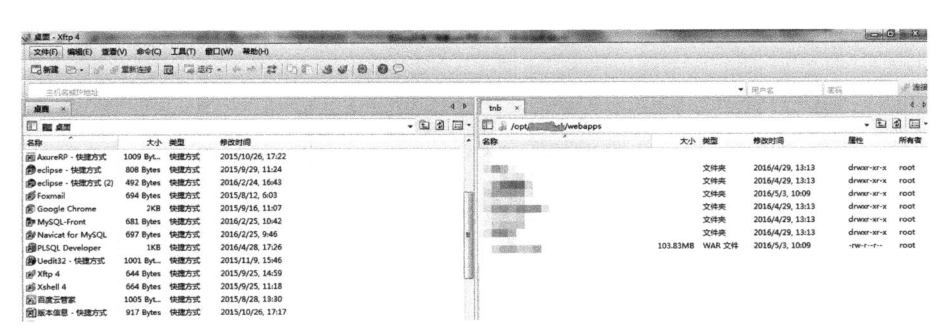

图 3-12　使用 Xftp4 工具部署的 WAR 包 3

新建会话属性

常规　选项

FTP 站点

名称(N):　新建会话

主机(H):

协议(R):　FTP　设置(S)...

端口号(O):　21

代理服务器(X):　<无>　浏览(W)...

登录

匿名登录(A)

使用身份验证代理(G)

方法(M):　Password

用户名(U):

密码(P):

用户密钥(K):　浏览(B)...

密码(E):

确定　取消　帮助

图 3-13　新建 FTP 地址

(4) 通过 Xshell 4 进入服务器。

① 进入服务器(图 3-14 和图 3-15)。

注意:若无连接,则需要重新连接,如图 3-16 所示。

② 进入项目所在的服务器(图 3-17)。

③ 进入 conf 文件,修改 server.xml,如图 3-18 所示。

④ 进入 bin 文件夹,启动 Tomcat,如图 3-19 所示。

./shutdown.sh　表示关闭 Tomcat

./startup.sh　表示启动 Tomcat

注意:若无法运行./shutdown.sh 和./startup.sh,要给其赋予可执行的

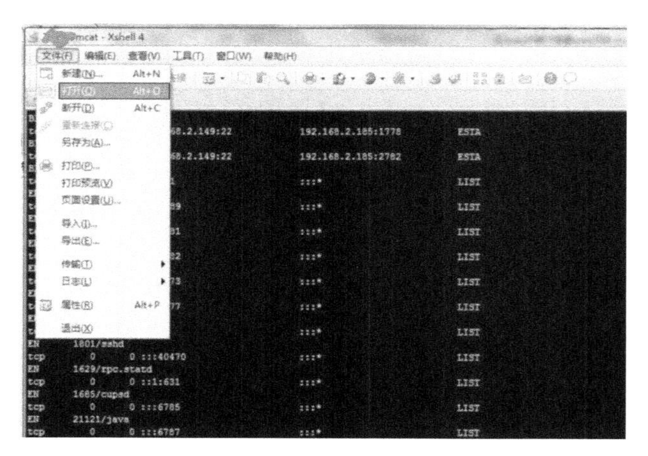

图 3-14　登录服务器 1

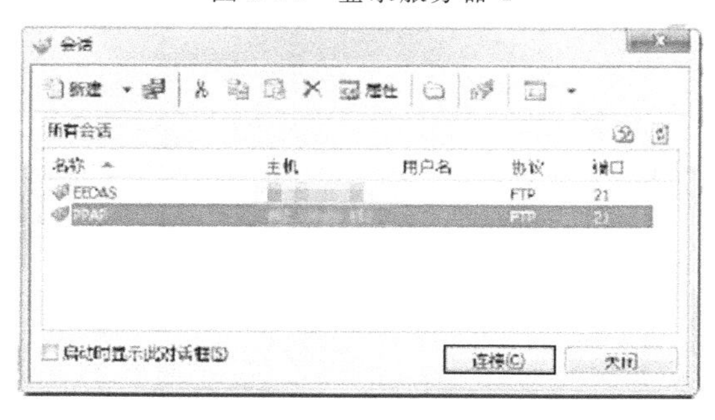

图 3-15　登录服务器 2

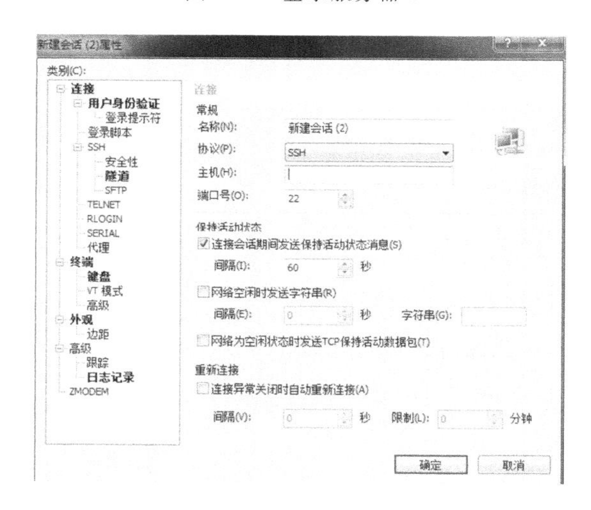

图 3-16　新建服务器连接

```
[root@localhost        ]# ls
bin  conf  lib        logs  NOTICE  RELEASE-NOTES  RUNNING.txt  temp  webapps  work
[root@localhost        ]# 
```

图 3-17　再次登录服务器

```
<?xml version='1.0' encoding='utf-8'?>

<Server port="6661" shutdown="SHUTDOWN">
<Listener className="org.apache.catalina.core.AprLifecycleListener" SSLEngine="on" />
<Listener className="org.apache.catalina.core.JasperListener" />
  <Listener className="org.apache.catalina.core.JreMemoryLeakPreventionListener" />
  <Listener className="org.apache.catalina.mbeans.GlobalResourcesLifecycleListener" />
  <Listener className="org.apache.catalina.core.ThreadLocalLeakPreventionListener" />
  <GlobalNamingResources>
    <Resource name="UserDatabase" auth="Container"
              type="org.apache.catalina.UserDatabase"
              description="User database that can be updated and saved"
              factory="org.apache.catalina.users.MemoryUserDatabaseFactory"
              pathname="conf/tomcat-users.xml" />
  </GlobalNamingResources>
  <Service name="Catalina">
    <Executor name="tomcatThreadPool" namePrefix="catalina-exec-"
        maxThreads="500" minSpareThreads="100"/>
    <Connector executor="tomcatThreadPool"
               port="6677" protocol="HTTP/1.1" URIEncoding="UTF-8"
               connectionTimeout="30000" enableLookups="false" acceptCount="400"
               redirectPort="6784" />
    <Connector port="6773" protocol="AJP/1.3" redirectPort="6784" />
    <Engine name="Catalina" defaultHost="localhost">
      <Realm className="org.apache.catalina.realm.LockOutRealm">
        <Realm className="org.apache.catalina.realm.UserDatabaseRealm"
               resourceName="UserDatabase"/>
      </Realm>

      <Host name="localhost"  appBase="webapps"
            unpackWARs="true" autoDeploy="true">
        <Valve className="org.apache.catalina.valves.AccessLogValve" directory="logs"
               prefix="localhost_access_log." suffix=".txt"
               pattern="%h %l %u %t &quot;%r&quot; %s %b" />

      <Context path="/uploadImages" docBase="/opt/fsbFile/images" debug="0" reloadable="true"/>
      <Context path="/jpgpath" docBase="/opt/packagexml/jpgpath" debug="0" reloadable="true"/>
      </Host>
    </Engine>
  </Service>
</Server>
```

设置访问端口

图 3-18　修改配置文件

```
[root@localhost bin]# ls
bootstrap.jar  catalina-tasks.xml               configtest.bat  digest.bat           setclasspath.sh  startup.bat     tomcat-native.tar.gz  version.bat
catalina.bat   commons-daemon.jar               configtest.sh   digest.sh            shutdown.bat     startup.sh      tool-wrapper.bat      version.sh
catalina.sh    commons-daemon-native.tar.gz     daemon.sh       setclasspath.bat     shutdown.sh      tomcat-juli.jar tool-wrapper.sh
[root@localhost bin]# 
```

图 3-19　启动服务器

权限，具体操作如下。

Chmod 777　shutdown.sh

Chmod 777　startup.sh

Chmod 777　catalina.sh

4. 防范要点

程序在测试完毕后，需要反复检查以下事项，在只有确认无误后才可发布到正式环境下。

(1) 更改链接数据库的路径，一般是当前目录，只有写代码调试才会用到绝对路径。

(2) 打包软件，把必要的动态库文件、资源文件加进去，但更新在线的软件时要注意数据库的覆盖(会清空已有的数据)，要先做好备份。

(3) 更新的版本要备份，并写明版本号、日期、主要增加的功能。备注应当清楚，还应包含相对应的配置文件、数据库(字段有时会更改，只能对应某版本)。

(4) 客户端、服务器端、数据库要统一。

(5) 要反复检查各种系统的参数描述文件。

(6) 在更改端口号后，注意服务器“高级安全 Windows 防火墙设置”中入站规则的端口号设置。

(7) 编译时要用静态库，以便于程序可以在没有安装 VS 2010 的系统中正常使用。

(8) 拷贝数据库记录时要注意关联主键 ID 号的变化。

(9) 要在程序运行正常后再更新软件，并且确保与客户端和服务器版本相对应。

案例 4　自行设置内网 IP 地址导致网络异常

摘要：本案例描述了用户私自增加内网电脑、随意配置内网 IP 地址导致局部网络异常，通过对此类异常现象原因的甄别、归纳，提出了内网 IP 地址管理及静态路由配置的方法，以便于提升工作人员内网安全意识，提高运行与维护的质量和效率。

异常分类：网络异常

1. 案例描述

某市供电公司根据业务需要，增加了一台办公电脑。由于工作人员缺乏经验，在未告知网络管理员的情况下，自行从路由器拉网线，并参考同事的 IP 协议，配置了自己的 IP 协议，随意输入了一个 IP 地址，在保存网络配置后，电脑弹出信息如图 4-1 所示。

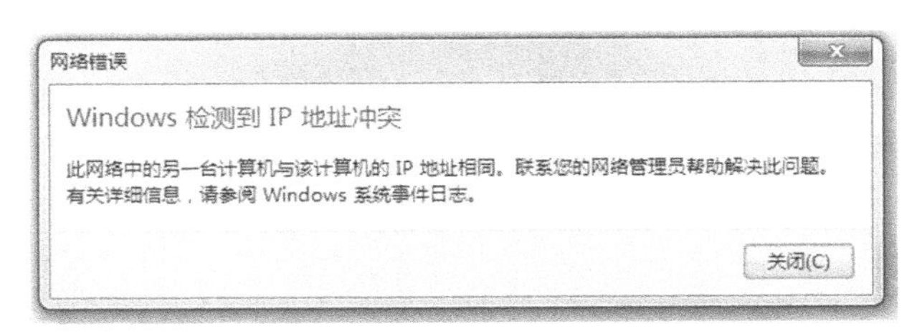

图 4-1　地址冲突后弹出信息示意图

该工作人员此时仍未联系网络管理员，自行更改为另一个 IP 地址，电脑继续报错并无法连接内网，随后导致整个部门内网连接故障。

2. 原因分析

网络管理员登录到该办公室所在路由器管理页面，发现由于该工作人员的错误操作，已造成该网段的网络风暴。

3. 处理措施

首先，拔除该电脑的网线，避免继续影响网络环境。

其次，网络管理员登录路由器管理页面，将当前剩余电脑的网络配置与预设网络配置进行比对，纠正错误网络配置。

最后，在纠正其余电脑网络配置后，网络管理员在断网情况下提取新电脑的 MAC 地址，为新电脑分配了独有的 IP 地址并接入内网。

4. 防范要点

由于内网信息安全的需要，电力公司对内网环境进行了静态路由配置，并对所有电脑进行了网络管理。如果计划增加新的办公电脑，一定要报备信息和通信部门，由网络管理员进行网络资源分配及操作。

案例 5　用电信息采集系统与同期线损系统结合查处台区窃电

摘要:本案例描述了运用用电信息采集系统与同期线损系统相结合,发现台区线损异常后,通过用电信息采集系统进行精确定位,锁定窃电嫌疑,查处台区多个用户的窃电行为,实现台区线损率明显下降。

分类:用电信息采集系统与同期线损系统

1. 案例描述

2017 年 12 月下旬,某县供电公司营销稽查人员通过用电信息采集系统发现部分台区的同期线损异常,线损率居高不下。进一步查询同期线损系统,发现西村相邻几个台区的线损指标异常,如图 5-1 所示。

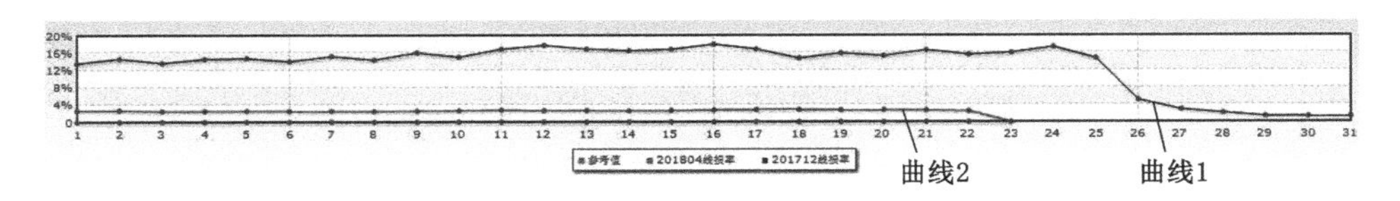

图 5-1　同期线损系统截图

图 5-1 中的曲线 1 为 2017 年 12 月的台区日线损曲线,曲线 2 为窃电用户被查处后的 2018 年 4 月台区日线损曲线。

为了精准发现有问题的用电户,营销稽查人员通过用电信息采集系统对嫌疑用户进行了排查定位。图 5-2、图 5-3 为嫌疑用户的用电信息采集曲线。

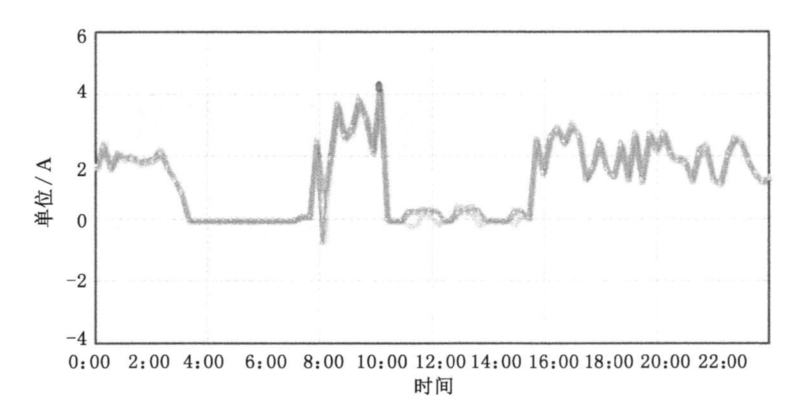

图 5-2　某用户正常负荷时的曲线(三相)

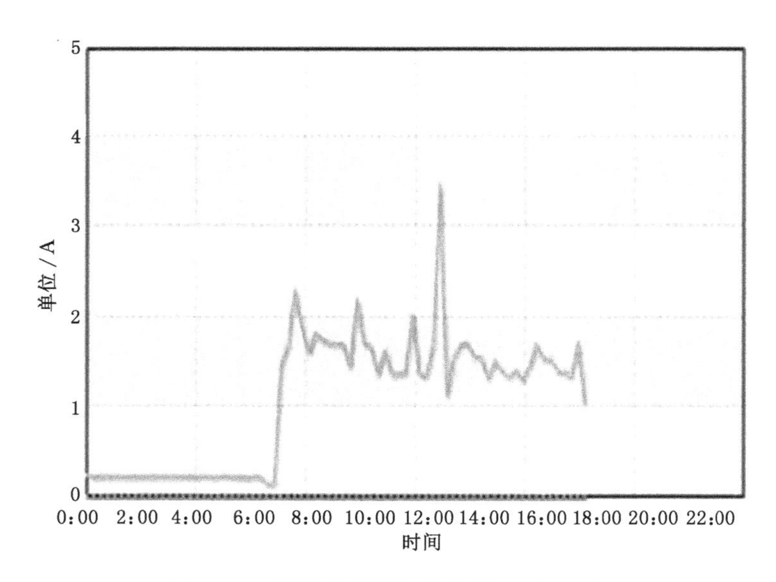

图 5-3　可能有窃电嫌疑的曲线(只有 A 相)

2. 原因分析

供电公司的用电检查人员对辖区内的问题台区开展线损检查工作,在检查过程中发现有 3 个用电户计量装置的表封存在不易察觉的撬动痕迹。工作人员首先用钳形电流表对用户计量表的进、出线进行电流值测量，测量结果表明钳形电流表的电流值与电能表显示的电流值存在很大差异，电能表显示电流值明显比钳形电流表电流值小。随后，工作人员又通过用电信息采集系统透抄了这 3 个用户的开盖记录，透抄返回的数据显示这 3 个用户均存在开盖记录，如图 5-4 所示。

(a)

(b)

图 5-4　现场检查电能表

工作人员通知用电户到达现场，当场将他们的电能表进行开盖查验。检查结果发现这 3 户电能表的电路板触点都存在短接的现象。由此判定，这是一起利用技术手段打开智能表，并在智能表电路板上焊接短接线进行分流窃电的、带有专业性质的窃电行为。

3. 处理结果

营销稽查人员立即上报公司相关部门并报警，公司启动警企联动机制。警方对案中几起窃电行为进行了进一步的侦破取证，经调查发现有 11 户是通过一个操外地口音的男子现场检查电能表，外地男子打着为用电客户进行节能改造的旗号，号称能够帮助用户实现少交电费，并给其中一个用电户留下了联系电话。公安机关通过犯罪嫌疑人的手机号这一线索进行缜密侦查，明确了嫌疑人的落脚地点，最终将专业窃电、恶意篡改供电部门计量装置的犯罪嫌疑人抓获归案。

4. 案例启示

(1) 正确运用同期线损系统可以发现一个台区、一条线路的线损异常情况，通过分析可以确定是技术线损还是管理线损，从而确定是否有窃电的嫌疑。

(2) 用电信息采集系统可以发现台区、用户的用电是否正常，可以精准判定用户是否符合规范合法用电，在查找窃电嫌疑时可以缩小查窃范围。

(3) 同期线损系统与用电信息采集系统结合使用，可分析线损异常原因，确定用电问题的实际情况，为查找嫌疑用户增加了更精准的技术手段。

案例 6　主站服务器端口冲突导致系统主站异常

摘要：本案例描述了主站服务器各应用软件端口冲突导致的系统主站异常现象，通过对此类异常现象原因的分析、归纳，提出了应用软件端口检测及发生冲突后的解决方法，以便提升故障诊断处理能力，提高运行与维护的质量和效率。

异常分类：应用软件端口异常

1. 案例描述

某系统由于版本更新，停机发布程序。工作人员检查了系统参数及程序包，在安装 Tomcat 软件后，启动 Tomcat 软件发现如下异常提示：

2018-10-12 13:46:57 org.apache.commons.modeler.Registry loadRegistry

信息：Loading registry information

2018-10-12 13:46:57 org.apache.commons.modeler.Registry getRegistry

信息：Creating new Registry instance

2018-10-12 13:46:57 org.apache.commons.modeler.Registry getServer

信息：Creating MBeanServer

2018-10-12 13:46:58 org.apache.coyote.http11.Http11Protocol init

严重：Error initializing endpoint

java.net.BindException：Address already in use：JVM_Bind:8080 at org. apache. tomcat. util. net. PoolTcpEndpoint. initEndpoint (PoolTcpEndpoint.java:270)

……

2. 原因分析

主站人员在浏览器中访问 http://12 *. * *. * *. * 1:8080 时发现 XDB 登录窗口而不是 Tomcat 软件的 Welcome 页面，如图 6-1 所示。

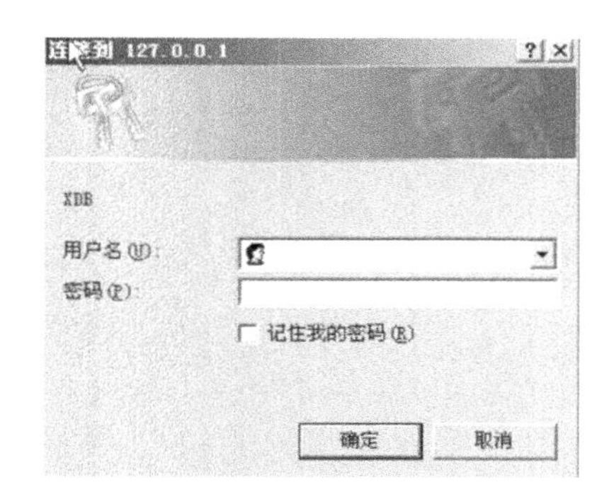

图 6-1　端口占用导致登录页面错乱

对于上述“端口 8080 被占用”的异常报错，工作人员怀疑是由于端口冲突导致的异常，于是查看服务器当前程序已使用端口情况。进入命令行，运行“netstat - a”命令查看端口，发现端口 8080 已被占用，如图 6-2 所示。

主站工作人员进一步排查，发现该服务器上已经安装了 Oracle 9i 数据库，该数据库在创建时又默认包含了 XDB 特性。Oracle 9i 数据库支持 XML 数据库，端口 8080 是 Oracle XDB(XML 数据库)Http 服务的默认端口，Oracle XDB 还有一个 FTP 服务，其默认端口是 2100。而 Tomcat、Jboss 等软件的默认端口也是端口 8080，所以出现冲突。另外，上网查询后得知，Oracle XDB 的端口设置不在配置文件中，而是在数据库中。

```
C:\WINDOWS\system32\cmd.exe
  UDP    zhwang:1900            *:*
  UDP    zhwang:1955            *:*

C:\Documents and Settings\zhwang>netstat -a

Active Connections

  Proto  Local Address          Foreign Address        State
  TCP    zhwang:epmap           zhwang.isoftstone.com:0  LISTENING
  TCP    zhwang:microsoft-ds    zhwang.isoftstone.com:0  LISTENING
  TCP    zhwang:1035            zhwang.isoftstone.com:0  LISTENING
  TCP    zhwang:1521            zhwang.isoftstone.com:0  LISTENING
  TCP    zhwang:2030            zhwang.isoftstone.com:0  LISTENING
  TCP    zhwang:2100            zhwang.isoftstone.com:0  LISTENING
  TCP    zhwang:2425            zhwang.isoftstone.com:0  LISTENING
  TCP    zhwang:8080            zhwang.isoftstone.com:0  LISTENING
  TCP    zhwang:44080           zhwang.isoftstone.com:0  LISTENING
  TCP    zhwang:44081           zhwang.isoftstone.com:0  LISTENING
```

图 6-2　8080 端口被占用后台显示

3. 处理措施

(1) 修改 Tomcat 软件端口

在 Tomcat 软件安装目录 conf 下的 server.xml 文件中，找到包含以下的信息：

```
<Connector
className="org.apache.coyote.tomcat4.CoyoteConnector"
        port="8080" minProcessors="5" maxProcessors="75"
        enableLookups="true" redirectPort="8443"
        acceptCount="100" debug="0"
connectionTimeout="20000"
        useURIValidationHack="false"
disableUploadTimeout="true" />
```

将上面信息中的“port=‘8080’”改为“Port=‘8088’”或其他端口就可以了。

(2) 使用 Oracle 控制台，修改 Oracle XDB Http/FTP 服务端口

以独立方式登录 Oracle 控制台时，必须以 SYSDBA 身份登录，否则不

能操作 XDB 的配置参数。

登录到 Oracle 控制台后，展开“XML 数据库”项。XML 数据库下有配置、资源、XML 方案三个子项。选中“配置”选项，XML 数据库参数会显示在右边区域，如图 6-3 所示。

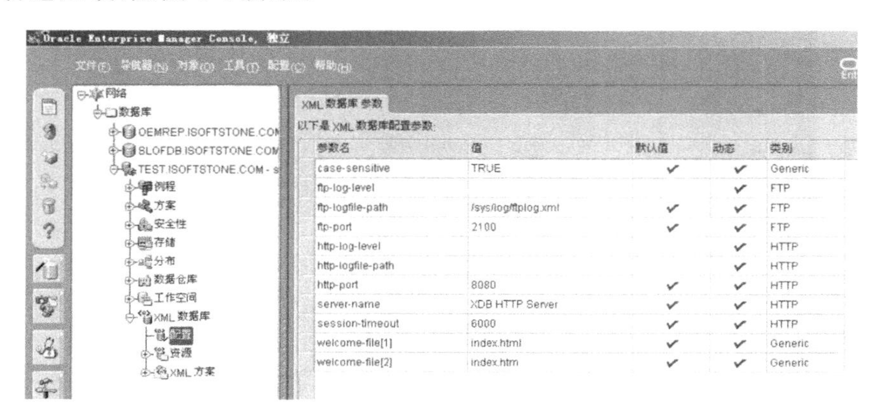

图 6-3　Oracle 控制台中 XML 数据库参数展示界面

修改参数名为 http-port 的项，将端口 8080 改为 8088 或其他未占用端口值，也可以修改 ftp-port 的值，然后点右下角“应用(P)”按钮应用新修改的端口值。

这里需要注意的是：每个 Oracle 实例都会默认占用 8080 和 2100 端口，所以需要修改本机 Oracle 上所有实例的 XDB 配置参数。

(3) 命令行方式(用 Oracle 提供的包)修改 Oralce XDB 端口

① 进入命令行，连接 sqlplus

C:/ >sqlplus /nolog

SQL * Plus: Release 9.2.0.1.0 — Production on 星期三 10 月 12 日 14:53:56 2005

Copyright (c) 1982, 2002, Oracle Corporation. All rights reserved.

SQL>

② 以 SYSDBA 身份登录

SQL> conn sys/wangzh@test as sysdba

已连接。

③ 修改 HTTP port,将 8080 改为 8088

```
SQL> call dbms_xdb.cfg_update(updateXML(dbms_xdb.cfg_get(),
2 '/xdbconfig/sysconfig/protocolconfig/httpconfig/http-port/text()'
3 ,8088))
4 /
```

调用完成。

也可以修改 FTP 端口。

例如,将端口 2100 改为 2111,一般情况下不改就可以。

```
SQL> call dbms_xdb.cfg_update(updateXML(dbms_xdb.cfg_get(),
2 '/xdbconfig/sysconfig/protocolconfig/ftpconfig/ftp-port /text()'
3 ,2111))
4 /
```

调用完成。

④ 提交修改

```
SQL> commit;
```

提交完成。

```
SQL> exec dbms_xdb.cfg_refresh;
```

PL/SQL 过程已成功完成。

(4) 使用 Oracle DBCA 向导工具,启用、禁用和配置 XML DB 端口号

① 启动 DBCA(DataBase Configuration Assistant)向导;

② 选择“在数据库中配置数据库选项”,单击“下一步”按钮;

③ 选择数据库实例名,输入用户名和口令(用户必须具备 DBA 权限),单击“下一步”按钮;

④ 数据库特性页,点击“标准数据库功能”按钮打开标准数据库功能页,然后选择 Oracle XML DB 项后的“自定义”按钮,打开 Oracle XML DB 页,具体操作如下:

选择启用或禁用 XML DB 协议,在启用 XML DB 协议的情况下,可以

配置端口号。配置端口号有两个选项,即使用默认配置或自定义配置,如图 6-4 所示。

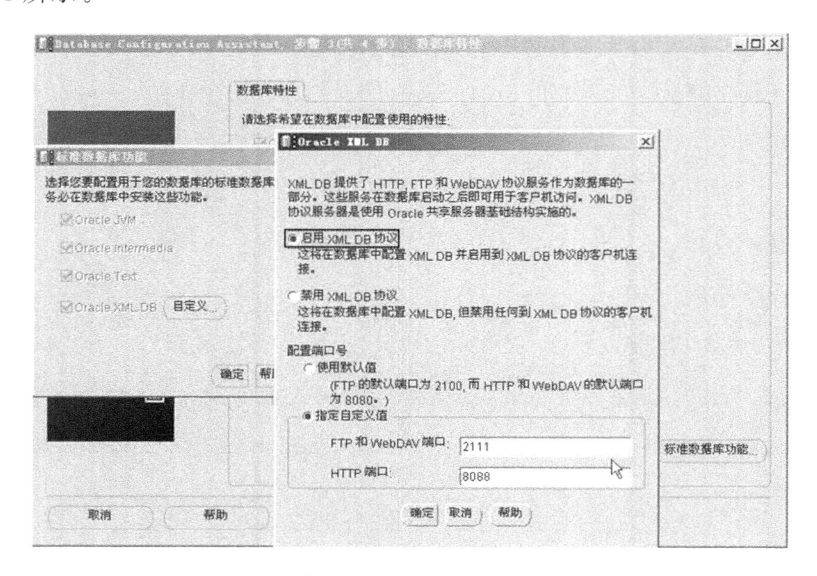

图 6-4　自定义配置 FTP 和 HTTP 端口值

4. 防范要点

服务器及应用软件都有各自的默认端口,在程序配置及发布时,需要了解和检查服务器及各应用软件的默认端口以及当前端口的使用情况。

(1) 代理服务器常用的端口

① HTTP 协议代理服务器常用端口号:80/8080/3128/8081/9080。

② SOCKS 协议代理服务器常用端口号:1080。

③ FTP(文件传输)协议代理服务器常用端口号:21。

④ Telnet(远程登录)协议代理服务器常用端口号:23。

⑤ HTTP 服务器默认的端口号:80/tcp(木马 Executor 开放此端口)。

⑥ HTTPS(securely transferring web pages)服务器默认的端口号:443/tcp 443/udp。

⑦ Telnet(不安全的文本传送)默认的端口号:23/tcp(木马 Tiny Telnet

Server 所开放的端口)。

⑧ FTP 默认的端口号:21/tcp(木马 Doly Trojan、Fore、Invisible FTP、WebEx、WinCrash 和 Blade Runner 所开放的端口)。

⑨ TFTP(Trivial File Transfer Protocol)默认的端口号:69/udp。

⑩ SSH(安全登录)、SCP(文件传输)、端口重定向,默认的端口号:22/tcp。

⑪ SMTP(Simple Mail Transfer Protocol)(E-mail)默认的端口号:25/tcp(木马 Antigen、E-mail Password Sender、Haebu Coceda、Shtrilitz Stealth、WinPC、WinSpy 都开放这个端口)。

⑫ POP3(Post Office Protoco3)(E-mail)默认的端口号:110/tcp。

⑬ WebLogic 默认的端口号:7001。

⑭ WebSphere 应用程序默认的端口号:9080。

⑮ WebSphere 管理工具默认的端口号:9090。

⑯ Jboss 默认的端口号:8080。

⑰ Tomcat 默认的端口号:8080。

⑱ WIN2003 远程登录默认的端口号:3389。

⑲ Symantec AV/Filter for MSE 默认端口号:8081。

⑳ Oracle 数据库默认的端口号:1521。

㉑ Oracle emctl 默认的端口号:1158。

㉒ Oracle XDB(XML 数据库)默认的端口号:8080。

㉓ Oracle XDB FTP 服务默认的端口号:2100。

㉔ MS SQL * SERVER 数据库 server 默认的端口号:1433/tcp 1433/udp。

㉕ MS SQL * SERVER 数据库 monitor 默认的端口号:1434/tcp 1434/udp。

(2) 常见服务器端口及作用

① 端口:21;

服务:FTP;

说明：FTP 服务器所开放的端口，用于上传和下载。

② 端口：22；

服务：SSH；

说明：SSH（安全登录）、SCP（文件传输）、端口重定向，默认的端口号为 22/tcp。

③ 端口：23；

服务：TELNET；

说明：TELNET 服务器所开放的端口，用于从本地远程登录对方电脑，进行操作。

④ 端口：25；

服务：SMTP；

说明：SMTP 服务器所开放的端口，用于发送邮件。

⑤ 端口：80；

服务：HTTP；

说明：用于网页浏览。

⑥ 端口：110；

服务：POP3；

说明：POP 服务器所开放的端口，用于接收邮件。

⑦ 端口：1433；

服务：MS-SQL；

说明：Microsoft 的 SQL 数据库服务开放的端口。

⑧ 端口：3306；

服务：MYSQL；

说明：MYSQL 数据库服务开放的端口。

⑨ 端口：8080；

服务：HTTP；

说明：Tomcat 默认的端口。

案例 7　插件配置不当造成浏览器无法正常访问

摘要：本案例描述了客户端的浏览器设置不当导致无法正常访问 Web 页面的情况，通过对此类异常现象原因的分析、归纳，提出了浏览器环境设置和浏览器插件配置的正确方法，以便提升工作人员日常处理此类问题的能力。

异常分类：浏览器无法正常访问

1. 案例描述

某市供电公司有一名办公人员在日常对电脑做杀毒处理后，无法访问用电信息采集系统主站的 Web 页面。该办公人员进行了排查，发现该电脑可以访问其他 Web 页面，唯独不能访问用电信息采集系统，于是联系信息与通信部门。

2. 原因分析

根据上述案例描述可以用排除法快速排查。

(1) 其他电脑可以访问页面正常，从而排除了系统原因。

(2) 由于该电脑可以访问其他 Web 页面，因此排除了网络原因。

(3) 检查了 IE 浏览器设置，发现浏览器被重置过，询问使用人员得知，该电脑最近做过全盘扫描杀毒，而杀毒软件最近更新过。所以怀疑最新升级的杀毒软件重置了浏览器设置，于是检查了浏览器，并重点检查了访问用电信息采集系统需要使用的插件，发现有部分插件被删除了。

3. 处理措施

信息与通信部门进行了如下恢复工作。

（1）取消弹出窗口阻止程序

关闭弹出窗口阻止程序：工具→弹出窗口阻止程序→关闭弹出窗口阻止程序，如图 7-1 所示。

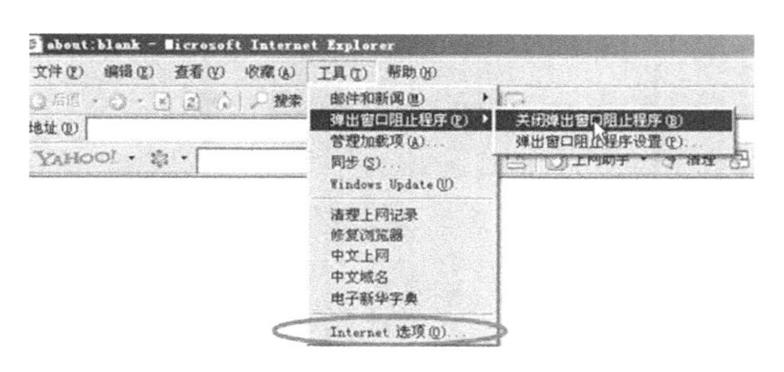

图 7-1　关闭弹出窗口阻止程序

（2）可信任站点设置

打开用电信息采集系统登录地址（本说明中使用的是 http://10.14.2.51:7001/pcpost，具体请根据实际情况而定），将其设置为可信任站点（工具→Internet 选项→安全→可信任站点的按钮），如图 7-2 所示。

可信任站点安全级别设置，点击图 7-3 所示的“自定义级别”按钮，在弹出的窗口中把 ActiveX 各选项设置为“提示”或是“启用”即可，如图 7-4 至图 7-7所示（在图中应该有九项需要设置，视实际情况而定）。

在高级选项中设置 Internet 选项（高级）把“启动内存保护减少联机攻击”的钩去掉。

注意：如果该选项前面的钩不允许取消，是灰色不可编辑状态时，请关闭浏览器，在桌面找到浏览器图标（C:\Program Files\Internet Explorer\iexplore.exe），右击浏览器选择“以管理员身份运行”，然后再去修改该选项

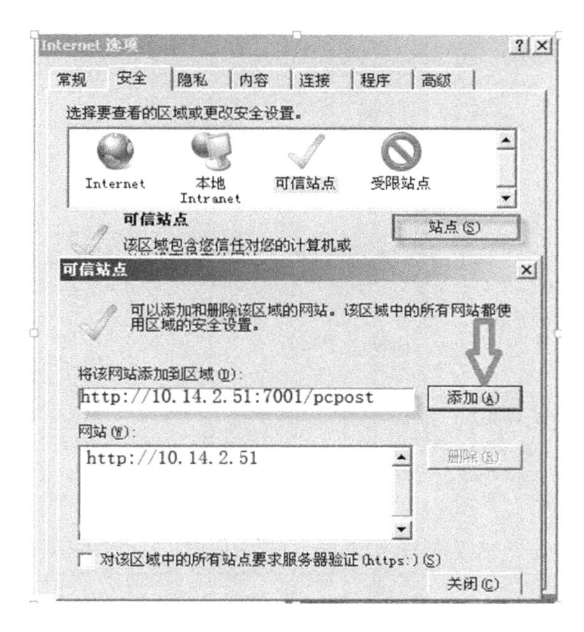

图 7-2　IE 可信任站点设置

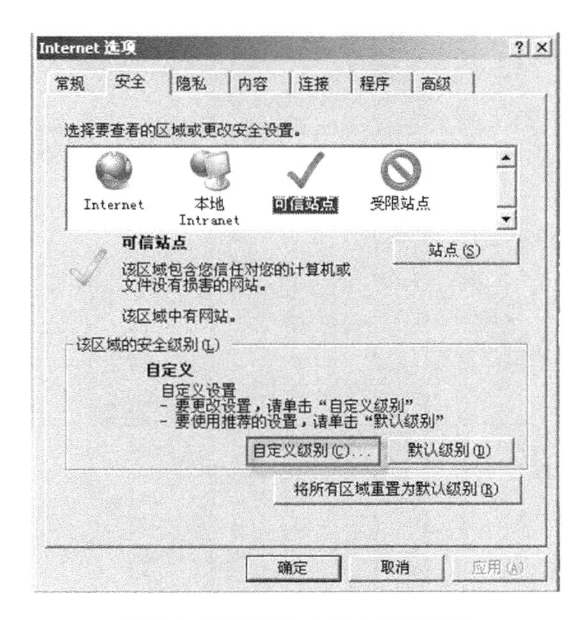

图 7-3　可信任站点安全级别设置

即可，如图 7-8 所示。

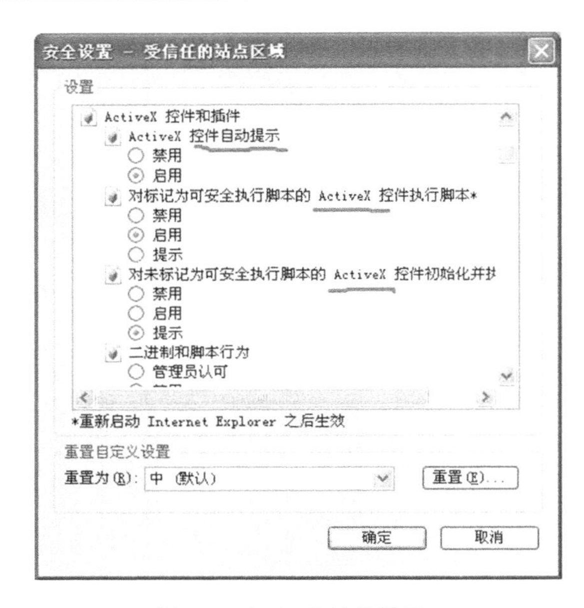

图 7-4　ActiveX 控件设置 1

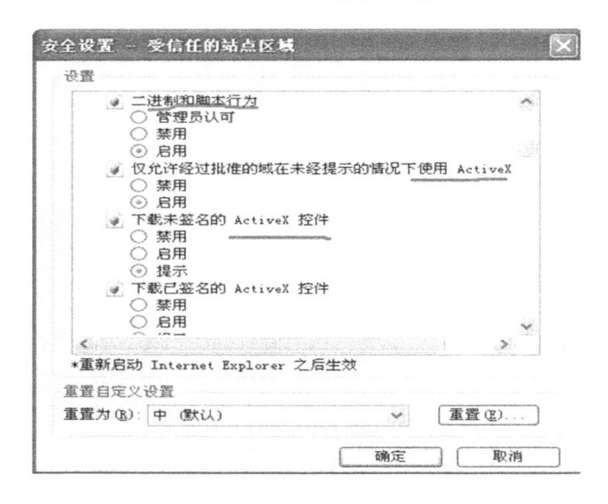

图 7-5　ActiveX 控件设置 2

(3) 兼容视图设置

通过以上步骤基本可以正常安装登录控件了。如果还是显示不正常，请把登陆地址加入兼容视图地址中(IE 菜单下的“工具”选项)，然后单击“兼容性视图(V)”，分别如图 7-9、图 7-10 和图 7-11 所示。

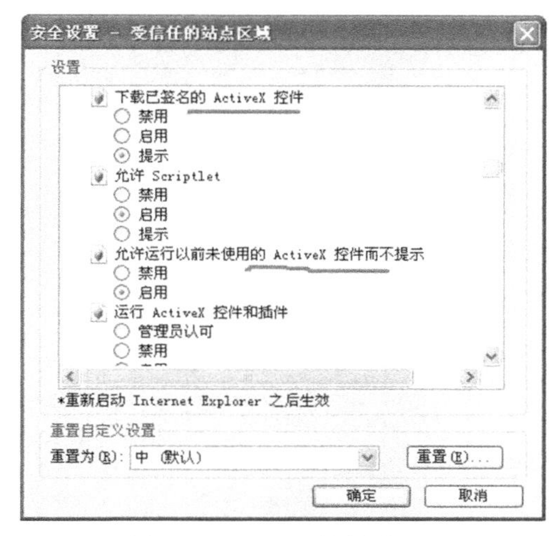

图 7-6　ActiveX 控件设置 3

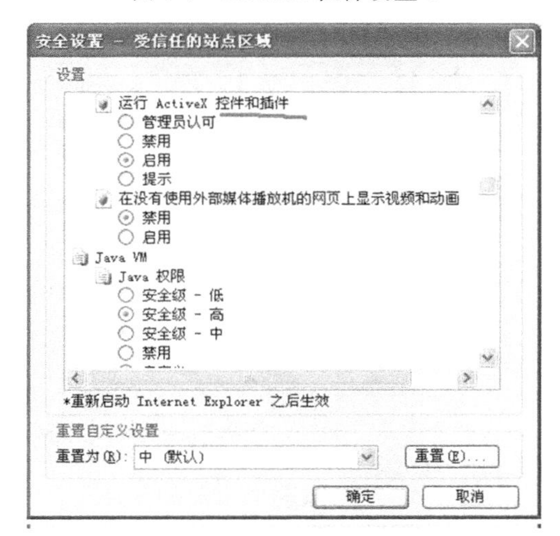

图 7-7　ActiveX 控件设置 4

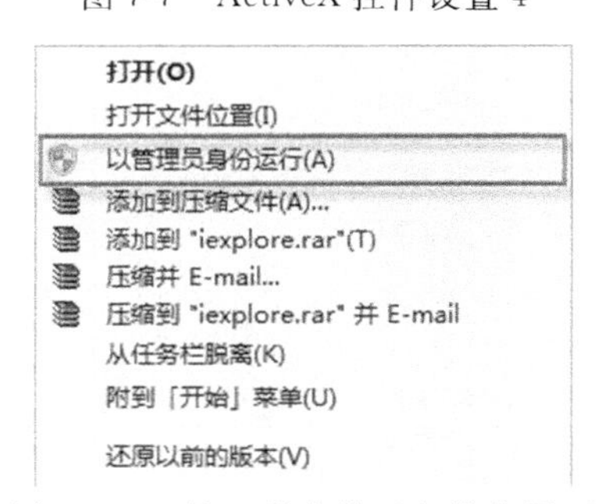

图 7-8　以管理员身份运行操作界面

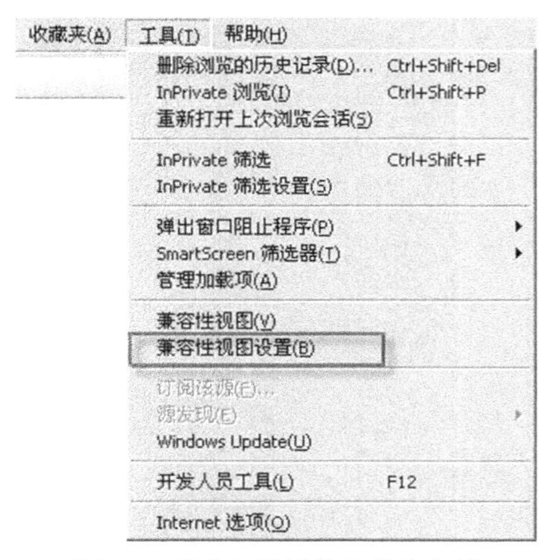

图 7-9 兼容性视图设置菜单选项

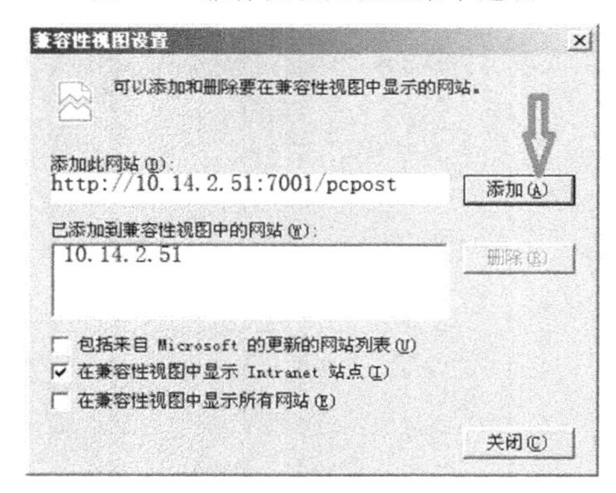

图 7-10 兼容性视图地址设置

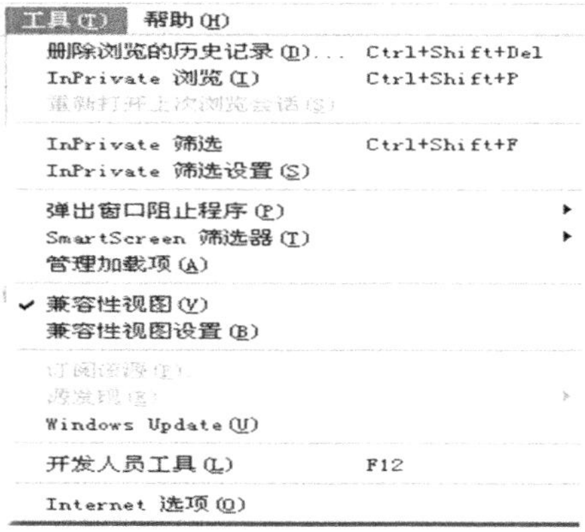

工具(T) 帮助(H)
删除浏览的历史记录(D)... Ctrl+Shift+Del
InPrivate 浏览(I) Ctrl+Shift+P
重新打开上次浏览会话(S)
InPrivate 筛选 Ctrl+Shift+F
InPrivate 筛选设置(S)
弹出窗口阻止程序(P)
SmartScreen 筛选器(T)
管理加载项(A)
✔ 兼容性视图(V)
兼容性视图设置(B)
订阅该源(F)
源发现(E)
Windows Update(U)
开发人员工具(L) F12
Internet 选项(O)

图 7-11 兼容性视图

(4) 控件安装

在IE浏览器的地址栏中输入登录系统的地址(从系统管理员处获取),IE浏览器会自动提示安装插件,共有两个插件需要安装。图7-12为第一个需要安装的插件,单击“安装”按钮,开始安装插件,稍等片刻后,系统会弹出另一个插件的安装窗口(图7-13);再单击“安装”按钮进行插件安装,稍等片刻后,所有的插件安装完成,弹出系统登录界面。

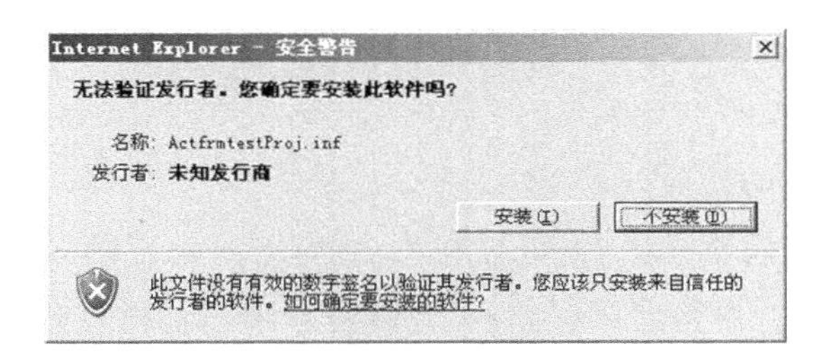

图7-12　插件安装提示窗口(第一个插件)

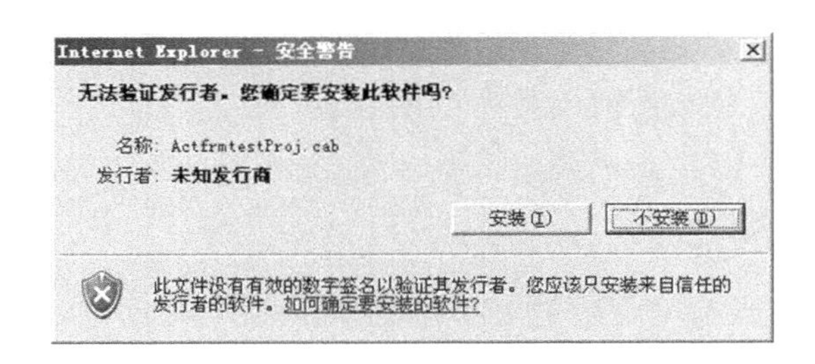

图7-13　插件安装提示窗口(第二个插件)

4. 防范要点

IE浏览器的插件是一个嵌入IE浏览器工具栏中的“NetGoCN工具栏”,一个IE浏览器窗口菜单扩展以及一组IE浏览器按键和鼠标动作功能扩展的总称。IE浏览器插件对于系统来说具有如下功能。

(1) 获取功能

① 批量获取当前网页中的插件文件,目前支持Flash、RealPlayer、MediaPlayer和JAVA对象文件;

② 批量获取当前网页中的图形文件；

③ 批量获取当前网页中的链接网址；

④ 批量获取当前网页中的框架页网址，包含网页中嵌入的网页地址；

⑤ 获取网页中的脚本程序，以文本形式发到“NetGoCN 写字板”；

⑥ 获取网页、活动框架页、选中的网页文本；

⑦ 立刻获取单个获取网页中的图片；

⑧ 立刻获取单个获取网页中的 Flash（Flash 对象不接受拖动和拷贝）等网页中的嵌入文件；

⑨ 得到网页的快照图片（BMP 格式）；

⑩ 单个获取网页元素时，可以在收藏的同时，保存网页中选取的文字作为说明文件以及自动添加目标网址、收藏日期等附加信息到此收藏文件中。

（2）清除功能

① 自动关闭弹出式窗口；

② 批量隐藏、显示当前网页中的嵌入网页；

③ 批量隐藏、显示当前网页中的图片；

④ 批量隐藏、显示当前网页中的 Flash 缓存；

⑤ 单个清除当前网页中的图片；

⑥ 单个清除当前网页中的 Flash 缓存；

⑦ 清除文本中的隐藏文字。

（3）编辑功能

① 通过 IE 浏览器的插件，可以直接编辑（在线编辑）自己所浏览的网页（V2.0 或以后的版本）；

② 利用其编辑功能，可以完成网页片段的修改收集和添加收集；

③ 可以将网页简单地保存为单一的 CHM 电子文档。

（4）拖放框功能

① IE 浏览器的插件工具条绝大部分的 NetGoCN 具有拖放框功能；

② 部分按钮具有独特的施放接受功能；

③ 将 IE 浏览器的插件工具条作为拖放框使用时，可以在收藏图片、

Flash等的同时，自动保存在网页中选取的文字说明和来源网址、收藏日期等附加信息。

（5）常用工具

① 允许用户配置、任意添加、删除想要的工具程序到插件的“工具”按钮，并可在Windows资源管理器和浏览器中使用；

② 添加工具可通过“工具”按钮的下拉菜单，选择“配置工具”菜单项完成，或直接拖放一个应用程序到IE浏览器的插件工具条上即可；

③ “工具”按钮接受本地文件的拖放。若拖动一个本地文件到“工具”按钮，将调用用户配置的应用程序工具打开施入的文件。例如，当指定Photoshop到“工具”按钮上后，可以在Windows资源管理器中，拖动多个图形文件到“工具”按钮，放开鼠标后将运行Photoshop，同时打开拖入的图形文件。

案例8　集中器采集成功率异常

摘要：本案例描述了公变集中器软件版本过低、线路干扰等因素造成的数据采集失败现象，通过对此类故障现象原因的甄别、归纳，提出了解决公变集中器此类故障的方法，以便提升故障诊断的处理能力，提高运行与维护的质量和效率。

异常分类：集中器异常 路由载波模块异常

1. 案例描述

某市供电公司采集运行与维护人员运用用电信息采集系统对多天采集数据对比及现场排查后，发现有多个台区集中器下现场表计异常，采集失败。其中，某台区集中器连续三天的采集成功率如图8-1至图8-4所示。现场现象有以下几个特点：

(1) 某些低压配电线路支线采集成功率异常波动。

(2) 集中器下始终有一些电能表采集失败。

(3) 集中器不抄表或抄表效率低。

2. 原因分析

采集运行与维护人员初步判断此异常为集中器版本过低或者集中器路由模块版本过低，台区线路存在干扰。因此带着相关设备到现场处理抄表异常波动故障。

图 8-1　某台区集中器连续三天的采集成功率(第 1 天)

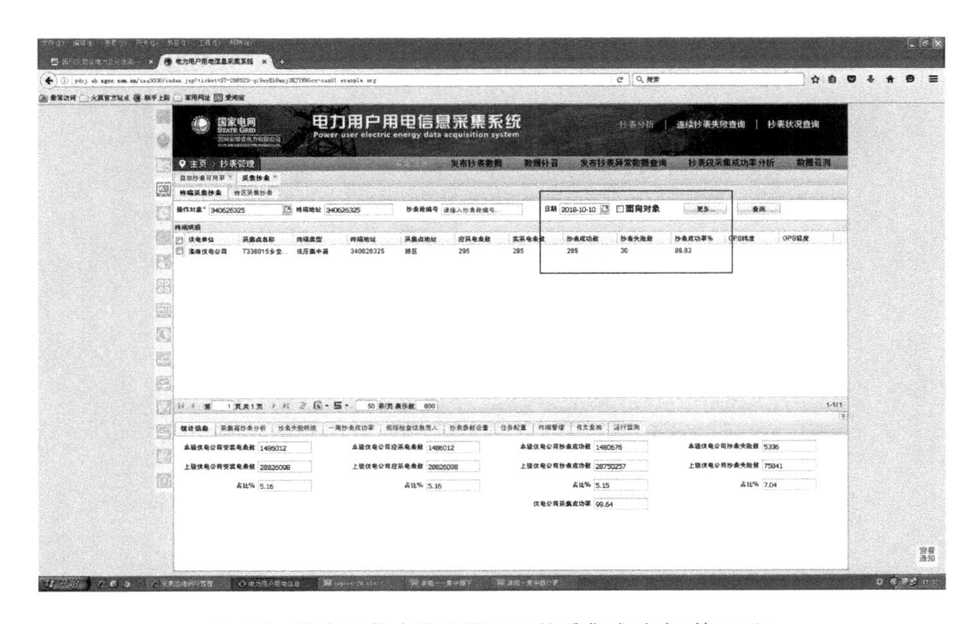

图 8-2　某台区集中器连续三天的采集成功率(第 2 天)

图 8-3　某台区集中器连续三天的采集成功率(第 3 天)

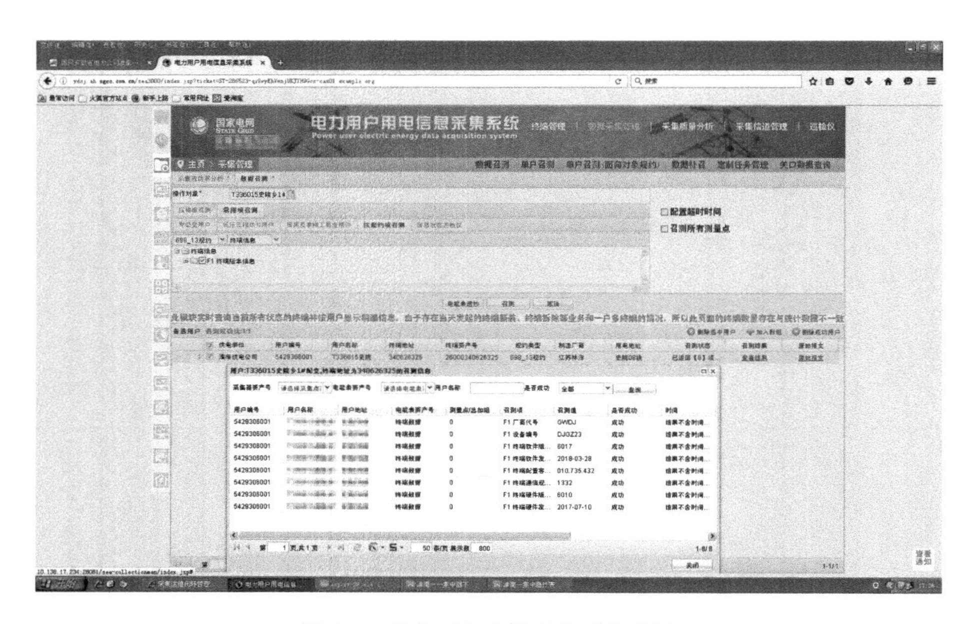

图 8-4　某台区集中器采集系统截图

第一类台区：虽然集中器外观正常，现场在线，主站与集中器通信正常，但是集中器与现场运行正常的表计无法通信。经检查该台区集中器以及路由模块版本过低。

第二类台区：虽然集中器外观正常，现场在线，终端以及路由模块版本均为最新的，但是支线存在载波抄表波动。初步判断为线路存在载波干扰。

3. 处理措施

(1) 对集中器和路由模块进行升级并且调试抄表方式。待现场集中器数据初始化上线后，主站人员进行数据召测。

(2) 使用载波信号干扰测试仪器对出现波动的线路进行干扰测试，找出干扰源，在干扰源两端加上滤波，使其线路恢复正常。

4. 防范要点

应优先从主站侧分析，检查版本较低的集中器，及时升级集中器以及路由模块版本，防患于未然。

案例9 集中器IP参数紊乱导致集中器与主站通信中断

摘要:本案例描述了集中器IP参数紊乱引起台区集中器离线的现象,通过对此类异常现象原因的分析、归纳,总结出处理集中器离线故障的方法,以便提升故障诊断处理能力,提高运行与维护的质量和效率。

异常分类:电能表 采集终端异常

1. 案例描述

采集运行与维护人员通过用电信息采集系统监控每日台区数据采集,发现城区某小区2号台区的集中器离线,导致该台区关口表和所有用户的电能表采集失败。

2. 原因分析

集中器离线一般有以下几种情况:① 现场停电;② 集中器通信模块故障;③ 天线故障;④ SIM卡欠费或损坏;⑤ 主站服务器故障;⑥ 集中器故障;⑦ 集中器参数紊乱;⑧ 台区所处位置通信运营商信号弱或运营商网络故障。

因为该台区之前一直运行稳定,检查周边其他台区集中器均为在线状态,通过主站分析,判断现场异常可能性很大,需要进行现场实际排查。

3. 处理措施

采集运行与维护人员通过现场排查后发现台区并未停电，但是现场集中器却处于离线状态。该台区处于地下室，信号质量一般，如图9-1所示。随后按照以下步骤进行排查。

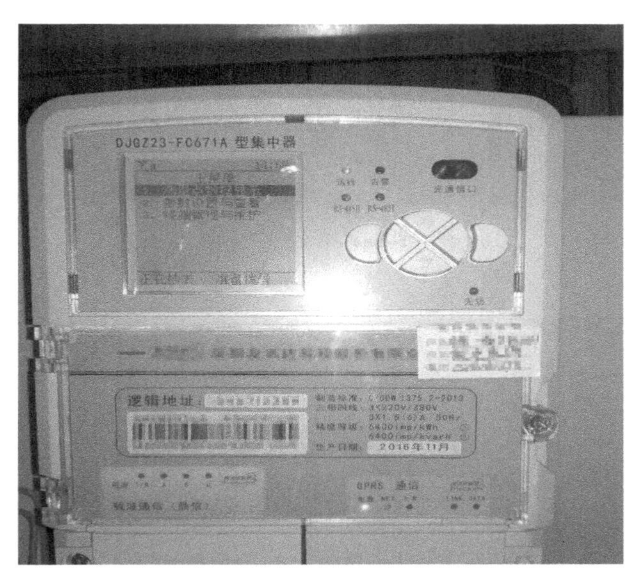

图9-1 异常状态下的集中器

步骤一：将集中器通信模块取出并更换备用通信模块待终端重启后，发现问题未排除；

步骤二：将SIM卡取出插入备用卡，待终端重启后，问题未排除；

步骤三：查询集中器参数，发现主站IP参数不是正确的设定值，如图9-2所示。

经检查，现场通信模块为GPRS，正确的IP参数应该是：10.138.16.133；端口：9002；APN：DLGPRSCJ.AH。

工作人员通过如下步骤进行正确更改：

(1) 在主菜单下按“确定”键进入“参数设置与查看”菜单，如图9-3所示。

(2) 设置通信参数，如图9-4所示。

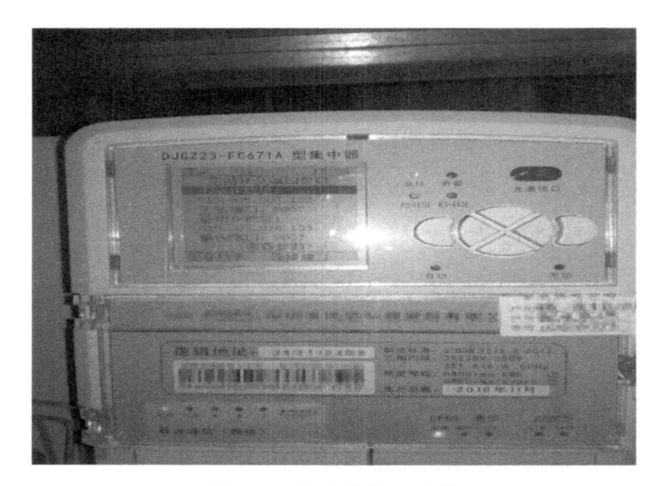

图 9-2　主站及端口参数

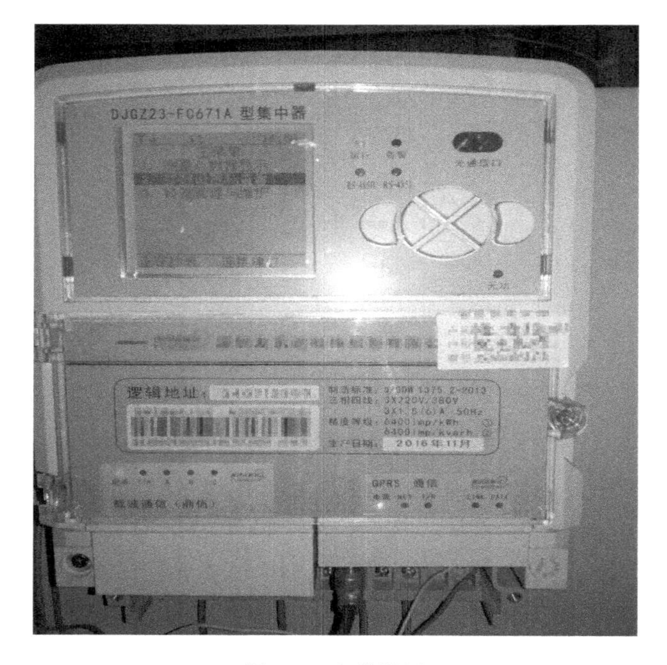

图 9-3　参数设置

(3) 按“确定”键，进入“主站 IP 和端口设置”菜单，如图 9-5 所示。

(4) 进入菜单后，设置界面，如图 9-6 所示。

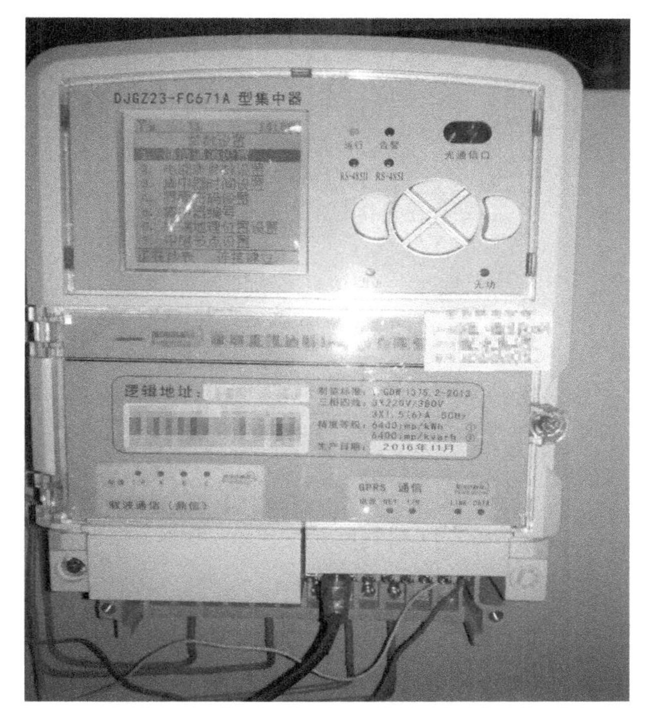

图 9-4　通信参数设置

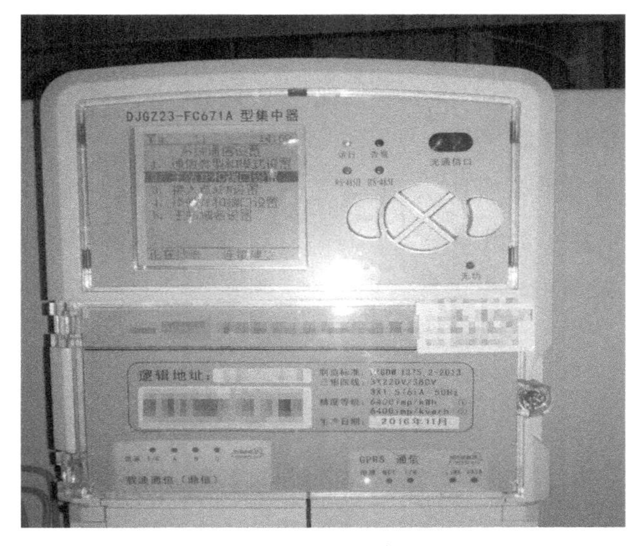

图 9-5　主站 IP 和端口设置

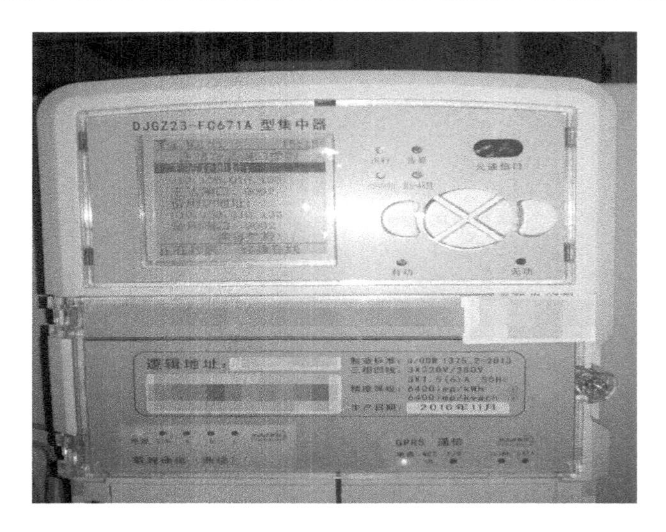

图 9-6　设置主站 IP 及端口参数

在该界面中输入正确的 IP 参数，重启集中器后，集中器上线成功。5 min后与主站核实，集中器显示连接，数据采集成功。

4. 防范要点

（1）如果是硬件复位、参数初始化等原因重置集中器 IP，事后应检查集中器参数，看是否存在参数紊乱或丢失的情况。

（2）如果是集中器自身程序存在漏洞（缺陷），那么只能现场升级程序后再手动重新设置参数。

（3）对集中器批量升级时，容易存在潜在的 IP 错误，在升级完成后应及时在用电信息采集系统中进行监测，发现问题应当及时解决。

案例 10　采集终端控制回路异常

摘要：本案例描述了专变采集终端控制回路异常的现象，通过对此类异常现象原因的甄别、归纳，提出了解决专变采集终端控制回路异常的方法，以便提升异常诊断处理能力，提高运行与维护的质量和效率。

异常分类：专变采集终端 采集终端控制回路异常

1. 案例描述

某市供电公司某运行专变用户，其受控开关为总柜。2018 年 4 月 27 日，采集运行与维护人员在主站侧进行遥控操作时，发现远程跳闸命令下发成功后，再次召测时发现功率值不为零，这说明对该专变用户进行遥控跳闸失败。

2. 原因分析

采集运行与维护人员于当月 27 日到现场进行异常原因排查。首先，检查电能表，发现终端外观、封印正常；其次，通过观察发现终端面板控制单元第一轮、第二轮指示灯常亮，说明主站下发遥控拉闸命令正确；最后，打开终端尾盖，检查控制接线，发现接线错误，这是导致遥控跳闸失败的原因，如图 10-1所示。

检查终端接线，发现控制线接在 1、3 端子上（注：Ⅲ型终端有 2 个轮次，

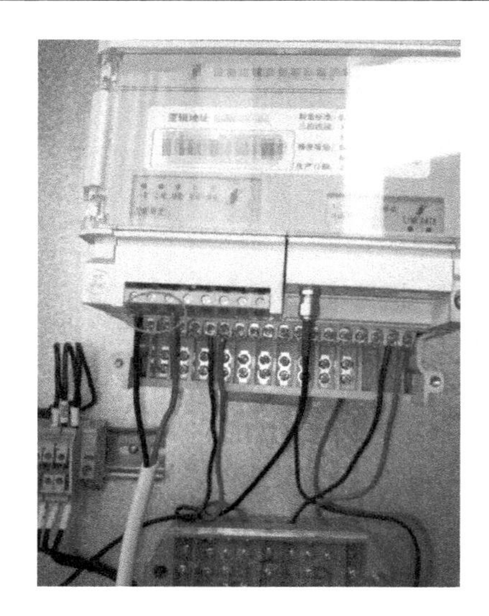

图 10-1　采集终端控制线连接图

每一轮次控制回路有 3 个端子，1、2 为常开触点，2、3 为常闭触点），将控制线改接到 1、2 端子，异常问题得到解决。

终端遥控跳闸失败的原因有以下几种：

（1）下发到终端的测量点参数错误，导致终端计算功率、电量错误，出现拒动或误动。

（2）下发到终端的保电参数为“保电”，当终端应该跳闸时，却不执行跳闸命令。

（3）终端控制单元继电器触点异常，出现拒动或误动。

3. 异常处理

（1）当下发到终端的测量点参数（如脉冲常数、TA 变比、TV 变比）错误时，终端计算的功率、电量会出现错误，导致终端拒动、误动，应重新下发正确的测量点参数，并召测确认。

（2）首先，检查当预购电用户的预购电量为负电量且实时召测发现脉冲功率不为零时，发现终端不跳闸。其次，检查下发到终端的保电参数为“保电投入”时发现终端应该跳闸时却不执行跳闸命令。最后，重新下发保电参数为“保电解除”后发现终端跳闸成功，再次召测实时功率，结果为零。

（3）当终端控制单元继电器触点异常，导致出现拒动或误动时，用万用表电阻挡测量继电器常开触点。若终端发出跳闸命令，继电器常开触点却没有闭合，或者终端没有发出跳闸命令，继电器常开触点始终闭合，则说明继电器异常，必须整机更换。端点1、2为常开触点，异常时测量结果为继电器常开触点始终闭合，如图10-2所示。

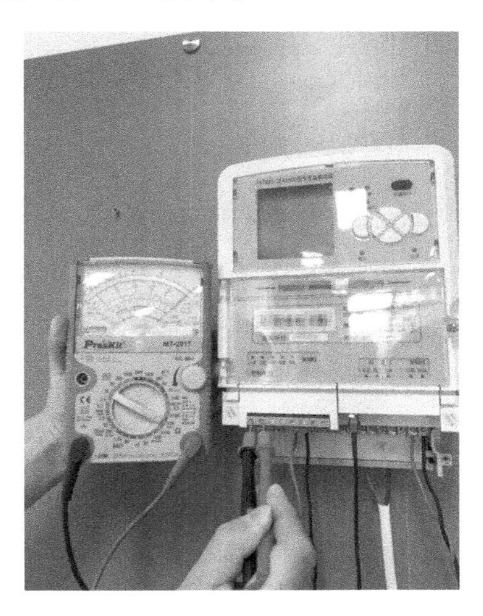

图10-2　采集终端继电器常开触点始终闭合

4. 防范要点

（1）加强主站监测，对于终端剩余电量为“负”值的终端，进行主站分析，必要时现场检查。

（2）下发终端各类参数时，应加强审核环节，确保参数正确。

（3）对于终端硬件异常的，应做好登记、统计工作，以防终端出现批量异常情况的发生。

案例 11　专变采集终端脉冲及抄表回路异常

摘要：本案例由 2 个小案例组成，分析了专变采集终端脉冲及抄表回路异常的现象，并对此类异常现象原因进行甄别、归纳，提出了解决专变采集终端脉冲及抄表回路异常的方法，以便提升异常诊断处理能力，提高运行与维护质量和效率。

异常分类：专变采集终端脉冲及抄表回路异常

1. 案例描述

2018 年 7 月 26 日，某市供电公司的采集运行与维护人员在主站接到某运行专变用户反映，其终端最近一段时间显示用电量偏大。

2. 原因分析

采集运行与维护人员接到反映后从营销系统查询得知该用户于 7 月 4 日更换了电能表，新换电能表与旧电能表脉冲常数不一致，但是主站没有及时更改。

3. 异常处理

采集运行与维护人员重新核实该用户变压器的 TV、TA 值以及对应的电能表常数 K 值，核实后重新下发参数，经过一段时间观察后发现该终端用电量正常，异常解除。

4. 防范要点

加强专变用户装拆表业务的管理，严格各类业务换表后的采集调试工作，完善业务工单闭环管理机制；采集主站应加强对专变用户终端电量的监测，发现异常电量问题应及时调查处理。

案例 11-2

1. 案例描述

2018 年 9 月 19 日，某市供电公司的采集运行与维护人员在主站侧进行异常数据分析时，发现某运行专变用户近来一段时间的终端脉冲功率始终为零。

2. 原因分析

采集运行与维护人员在排除主站侧原因后到现场进行异常原因排查。检查后发现电能表及其终端外观、封印正常，打开终端尾盖发现脉冲线脱落，如图 11-1所示。

3. 异常处理

工作人员断开终端电源，重新接好脉冲线。重新上电后再次召测，终端恢复正常。

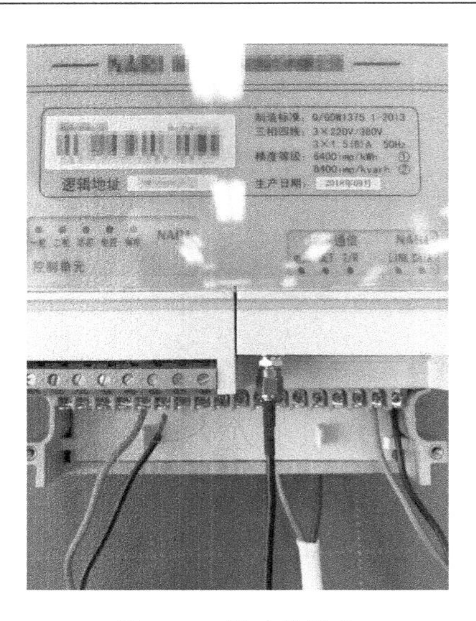

图 11-1　脉冲线脱落

4. 防范要点

规范终端安装工艺标准，加强现场监督检查，新装后应落实现场调试，避免安装质量造成的终端异常问题。

案例 12　终端通信参数设置错误导致终端与主站通信不稳定

摘要：本案例描述了终端 IP 地址被不同的终端重复使用，造成 IP 地址冲突的现象，通过对此类异常现象原因的甄别、归纳，提出了解决此类异常的方法，以便提升异常诊断处理能力，提高运行与维护的质量和效率。

异常分类：采集终端 通信通道异常

1. 案例描述

某市供电公司的一台专变采集终端安装在某小区地下室，采用光纤通信。自 2017 年安装送电成功后一直运行正常，采集成功率为 100%。2018 年的某天，采集运行与维护人员在进行采集系统的采集成功率分析时，发现该终端出现在日冻结有功电能量示值采集失败的清单里，同时还发现该终端的当前通信状态时而处于“在线”状态，时而处于“离线”状态。近 7 日日冻结有功电能量示值采集数据只有 2 天有数据，实时 96 点的数据不完整，在主站召测发现数据采集有时成功有时失败。检查其与主站通信明细，终端上线、下线频繁。于是采集运行与维护人员前往现场查找原因。

2. 原因分析

采集运行与维护人员到现场排查终端异常原因，发现该终端采用光纤通信，而与此终端连接在同一台 ONU 上的其他终端通信正常，排除了 ONU 异常的可能性。于是将异常范围确定为 ONU 至终端的网线、终端本身硬件异常以及参数错误等三个方面。

首先，检查终端通信参数里的主站 IP、端口号、APN 后发现均正常。检查终端 IP、网关、端口号，也没有发现问题。检查人员将检查结果通知主站侧运行与维护人员核实参数是否正确。

其次，检查人员用网线检测仪器检查网线通断情况，发现网线正常。

再次，更换上行通信模块，待终端上线后，通知主站侧运行与维护人员召测实时时钟数据，发现通信仍然时好时坏。

最后，主站人员梳理终端 IP 地址分配登记表时，发现该终端的 IP 地址被分配在另一台集中器上使用。IP 地址被重复使用，造成相互冲突，如图 12-1所示。

公变集中器光纤IP分配表

用电地址	Ip地址	网关	备注
园1#	13.134.15.49	13.134.15.1	
园2#	13.134.15.50	13.134.15.1	
园3#	13.134.15.51	13.134.15.1	
园4#	13.134.15.52	13.134.15.1	
园配电室5#变	13.134.15.53	13.134.15.1	
园配电室6#变	13.134.15.54	13.134.15.1	
小区#1箱变	13.134.15.55	13.134.15.1	
小区#2箱变	13.134.15.56	13.134.15.1	
小区#3箱变	13.134.15.57	13.134.15.1	
小区#4箱变	13.134.15.58	13.134.15.1	
小区1#	13.134.15.59	13.134.15.1	
小区2#	13.134.15.60	13.134.15.1	
小区3#	13.134.15.61	13.134.15.1	
小区2#开闭所	13.134.15.75	13.134.15.1	
小区3#开闭所	13.134.15.76	13.134.15.1	
小区4#开闭所	13.134.15.77	13.134.15.2	
[illegible]	[illegible]	13.134.15.3	

专变终端光纤IP分配表

用户名称	Ip地址	网关
物业服务有限公司	13.134.15.45	13.134.15.1
物业服务有限公司	13.134.15.46	13.134.15.1
物业管理有限公司	13.134.15.47	13.134.15.1
物业管理有限公司	13.134.15.48	13.134.15.1
地产开发公司（村1#专变）	13.134.15.72	13.134.15.1
地产开发公司（村2#专变）	13.134.15.73	13.134.15.1
地产开发公司（村3#专变）	13.134.15.74	13.134.15.1
地产开发公司（村4#专变）	13.134.15.75	13.134.15.1
物业管理有限公司	13.134.15.101	13.134.15.1
豪物业管理股份有限公司	13.134.15.102	13.134.15.1
豪物业管理股份有限公司	13.134.15.103	13.134.15.1
业服务有限责任公司	13.134.15.104	13.134.15.1
业服务有限责任公司	13.134.15.105	13.134.15.1
业服务有限责任公司	13.134.15.106	13.134.15.1
服务有限责任公司	13.134.15.107	13.134.15.1
物业服务有限责任公司	13.134.15.108	13.134.15.1
业服务集团有限公司	13.134.15.109	13.134.15.1
业服务集团有限公司	13.134.15.110	13.134.15.1

图 12-1　公变集中器、专变采集终端光纤 IP 地址登记表

当专变采集终端被重新分配了新的 IP 地址后，其通信时好时坏的现象得到彻底解决。

终端 IP 地址出现异常的原因还有以下两种：

(1) 对通信信道为光纤的终端分配 IP 地址和网关地址出现错误。

(2) 终端通信参数中的主站 IP 地址、端口号、网关地址设置出现错误。

3. 处理措施

(1) 对于通信信道为光纤的终端,当分配的 IP 地址和网关地址出现错误时,必须在信息通信部门规定的网段内分配一个 IP 地址和网关地址,并确保 IP 地址是唯一的。

(2) 当终端通信参数中的主站 IP 地址、端口号、网关地址出现错误时,必须设定如下由主站确定的值,示例如表 12-1 所列。

主站 IP 地址:10.138.＊＊.＊＊＊

端口:＊＊02

表 12-1　运营商通信参数配置表

移动-GPRS 终端	联通-GPRS 终端	电信-CDMA 终端
APN:DL＊＊＊＊J.AH	APN:hfgdj.yccj.ahapn	vpdb:dlcdma.vpdn.ah 用户名:y＊＊x@dlcdma.vpdn.ah 密码:1＊＊＊6

4. 防范要点

(1) 在信息通信人员规定号段后,应由专人负责分配使用终端 IP 地址,并确保 IP 地址的唯一性。

(2) 安装运行与维护人员在设置参数后,必须与主站调试,并确认无误。

(3) 对于在一个月内,多次出现非人为原因造成通信参数丢失的终端,应予以更换。

案例 13　低压电力噪声干扰导致载波信号无法正常传输

摘要：本案例描述了低压电力噪声干扰、载波信号无法正常传输导致电能表与终端通信失败的现象，通过对此类异常原因的分析，提出了在低压电力噪声干扰、载波信号无法正常数据传输等此类异常情况下的解决方法。

异常分类：低压电力噪声干扰

1. 案例描述

某供电公司所属台区的电能表均为单相费控智能电能表。2018 年 9 月中旬，采集运行与维护人员从主站发现该台区连续出现大范围电量采集、日冻结数据采集失败，透抄电能表无冻结数据，但实时召测数据成功，主站侧参数、任务、时钟全部正确的情况。

2. 原因分析

采集运行与维护人员到现场排查，发现电能表与终端本身正常，未发现问题。用手持终端（现场称“掌机”）检查电表，抄收正常，但是电能表与终端通信异常，并且同一出线有多个表与终端通信失败。现场排查发现干扰噪声较大，确定为干扰问题。逐一排查现场通信失败的电能表，确定干扰源，加装滤波模块后，电能表与终端通信成功。

现场排除步骤如下：

(1) 用手持终端测试发现采集器和电能表通信正常，电能表与终端通信失败。然后，检查485接线是否有虚接等情况，如图13-1所示。

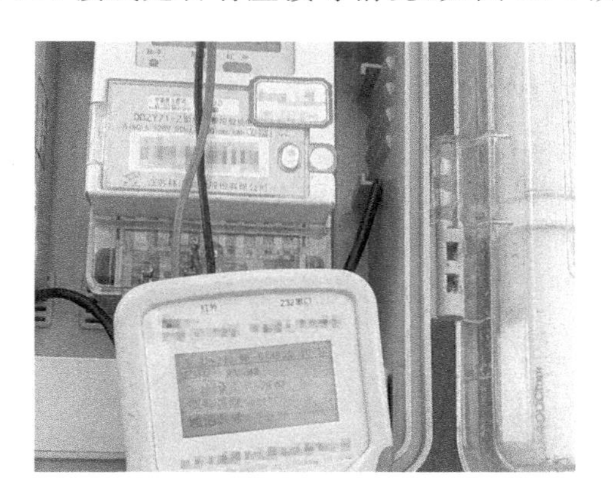

图13-1　手持终端测试采集器和电表

(2) 现场查看干扰噪声。用手持终端测试发现现场干扰噪声为－42 dB，大于－60 dB，说明现场存在干扰源，信号强度和通信标号均为空，说明现场干扰较大，如图13-2所示。

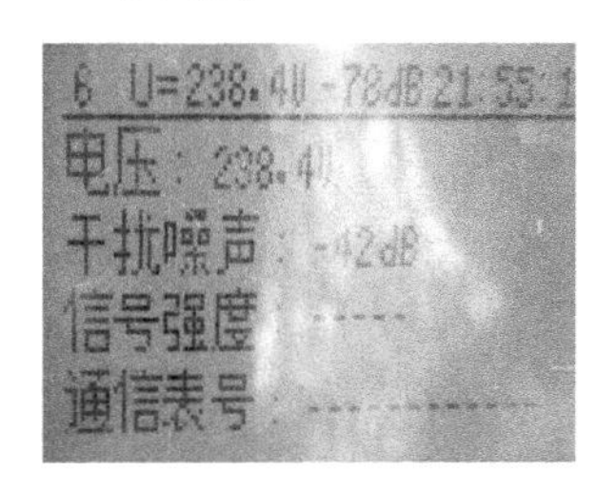

图13-2　手持终端测干扰噪声

(3) 逐一排查电能表，采取手持终端配合电能表停电的方法，观察干扰噪声与通信表号是否变化，最终确定干扰源，如图13-3所示。

(4) 现场加装滤波模块。滤波模块装接在电能表侧的火线与零线上，在加装滤波模块的同时测试干扰噪声，直到干扰噪声值正常为止，如图13-4所示。

(5) 经过处理，干扰噪声变小，信号强度与通信表号都已正常，电能表与

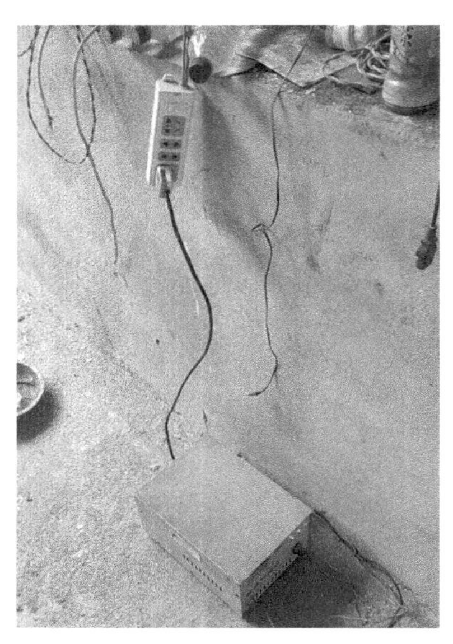

图 13-3 现场干扰装置

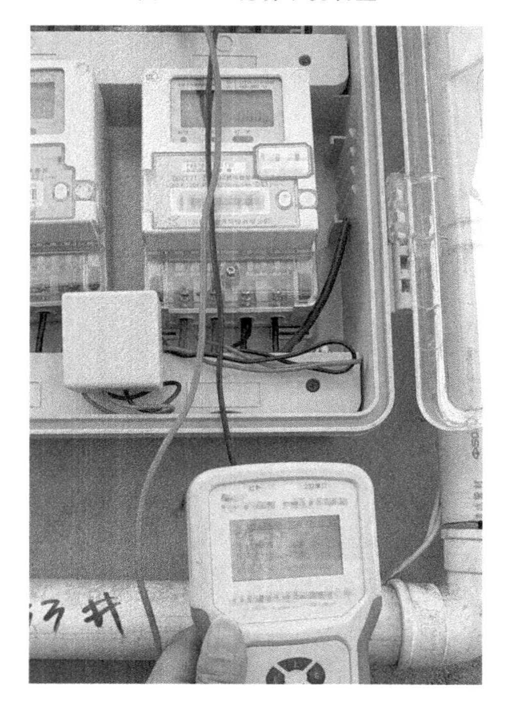

图 13-4 现场加装滤波模块

终端通信成功。

3. 处理措施

(1) 干扰噪声较大，影响载波信号传送，造成大范围的电能表抄收失败，必须现场查找干扰源，加装滤波模块。

(2) 在载波信号较弱的地方加装中继装置，增强载波信号。

4. 防范要点

(1) 主站要及时发现信息采集中的异常问题，并能够准确判断出异常类型，为采集运行与维护人员现场排查问题提供技术支持。

(2) 采集运行与维护人员应加强现场巡视检查，对载波干扰、载波信号衰减等问题及时处理。

(3) 向用电客户宣传，推荐其使用符合国家标准的电器设备。当电瓶车充电器、电视机机顶盒、电器变频开关等不用电时应及时断开电源，以免造成对载波信号的干扰。

案例 14　现场信号干扰导致抄表不稳定

摘要：本案例描述了现场信号干扰导致的抄表不稳定现象，通过对此类异常现象原因的分析、归纳，总结出解决此类干扰的方法，以便提升异常诊断处理能力，提高运行与维护的质量和效率。

异常分类：采集终端异常

1. 案例描述

某供电公司的采集运行与维护人员通过用电信息采集系统监控每日台区的数据采集情况，发现自 2018 年 3 月 15 日开始，某台区集中器抄表不稳定，每天总有部分用户电能表抄表失败。

2. 原因分析

该台区在出现问题之前一直稳定运行，用电信息采集系统中采集成功率为 100%。2018 年 3 月 15 日开始有一户电能表的数据始终采集不到，通过系统检查发现，台区集中器下行载波通信运行不稳定，初步判断可能是该用户家中存在干扰源。

一般来说，通信干扰有以下几种类型：① 用户家中单个电器设备干扰；② 某一相线上存在干扰源（广播设备、村部喇叭）；③ 变压器侧存在干扰，三相线路载波信号差。

3. 处理措施

（1）检测干扰强度

工作人员利用手持终端测试该用户家中的干扰强度，手持终端的屏幕显示干扰噪声为－30 dB，如图 14-1 所示。正常情况下的干扰噪声值区间为－75～－55 dB，据此判断该用户家中存在信号干扰。

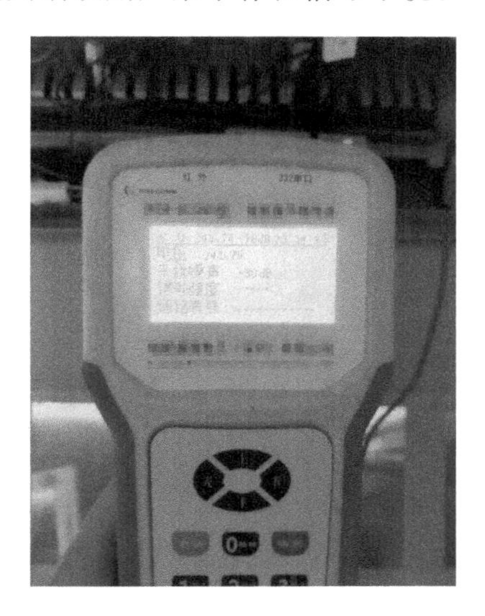

图 14-1　手持终端检测干扰强度

（2）排查干扰源

排查用户家中的干扰源，卫星电视、宽带等都有可能是造成干扰的干扰源。此外，还应检查电路是否存在老化。

（3）解决方案

通过以上步骤进行排查，在找出干扰源后加装干扰滤波模块，如图 14-2 所示。

工作人员通过手持终端测试信号强度。由图 14-3 可以判断出干扰问题已解决，电能表数据抄回正常。

此外，如果现场信号强度在正常范围内，电能表还是抄表失败，那么需

图 14-2　采集终端加装干扰滤波模块

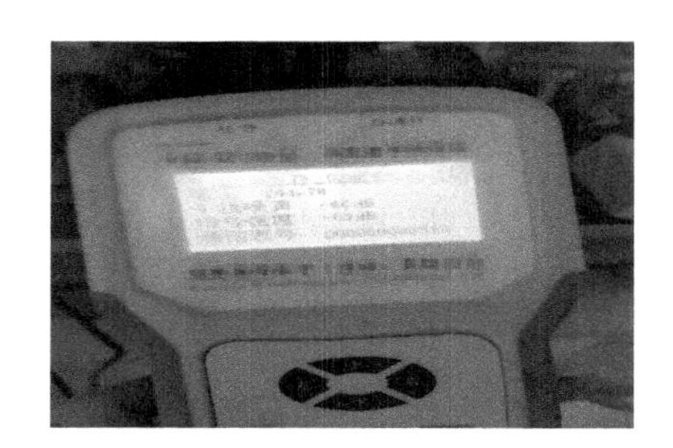

图 14-3　手持终端测试信号强度

要加装无线中继器。可以在用户侧加装一个，同时在变压器侧或者台区附近信号强度正常、抄表也正常的用户侧加装一个，只有两个无线中继器同时使用，才能起到信号转接的作用。

4. 防范要点

(1) 用户家中的线路老化、私拉乱接等因素，均可能影响载波通信。

(2) 用户家中的卫星电视、宽带等电器不使用时，应关闭电源，尽量避免干扰源的出现。

案例 15　光缆损坏导致终端与主站通信中断

摘要:本案例描述了用电信息采集系统的采集光缆损坏造成采集终端与主站通信中断现象,通过对此类异常现象原因的分析、归纳,提出了解决光缆、ONU(光电转换设备)等此类异常的方法,以便提升异常诊断处理能力,提高运行与维护的质量和效率。

异常分类:光缆 采集终端异常

1. 案例描述

2018 年 10 月 8 日,某公司采集运行与维护人员在对终端采集失败进行排查时,发现自 10 月 4 日起某商业广场地下配电房有 4 个电能表的数据采集失败。经检查发现,这 4 个电能表分别由 2 台专变终端采集,而这 2 台专变终端于 10 月 3 日同一时间离线,如图 15-1 所示。

终端在线详情

用户名称	台区名称	终端地址	通信方式	终端状态	终端在...	最后一次通信时间
[illegible]	[illegible]6#地块公月	340454817	光纤	运行	在线	2018-10-08 17:00:20
[illegible]	[illegible]专变537644:	340428032	光纤	运行	离线	2018-10-03 01:31:25
[illegible]	[illegible]专变537644:	340455244	光纤	运行	离线	2018-10-03 01:31:25
[illegible]	[illegible]置业有限公	340406472	光纤	运行	在线	2018-10-03 01:31:25

图 15-1　终端运行状态

2. 原因分析

（1）系统分析

采集运行与维护人员在与负责该用户片区的电工核实后，发现该片区的配电房近几天都没有发生停电现象，说明终端可能存在通信异常，于是前往现场进行处理。

（2）现场排查分析

采集运行与维护人员到现场进行排查。这 2 台专变终端外观、封印均正常，网线与终端通信模块连接无异常，终端处于带电状态且各类指示灯闪烁正常，屏幕显示正常，但是屏幕左上角网络连接没有显示“L”。于是，工作人员分析认为该异常原因有可能为网线异常、ONU 异常、光缆异常等。

3. 处理措施

第一步，用网线检测仪器检查网线连接情况，发现网线正常。

第二步，检查 ONU（光电转换设备）时发现尾纤插入 ONU 处的 PON（无源光纤网络）灯不亮，判断光纤回路异常，如图 15-2 和图 15-3 所示。

图 15-2　ONU 上尾纤插入处的 PON 灯不亮，表示光纤线路中断

第三步，进一步检查后发现光纤箱外光缆被电缆盖板压断，而这 2 台离线终端正是接入这台光纤箱下 ONU 中的，如图 15-4 所示。

信息通信运行与维护人员对光纤进行重接处理后，2 台专变终端与用电

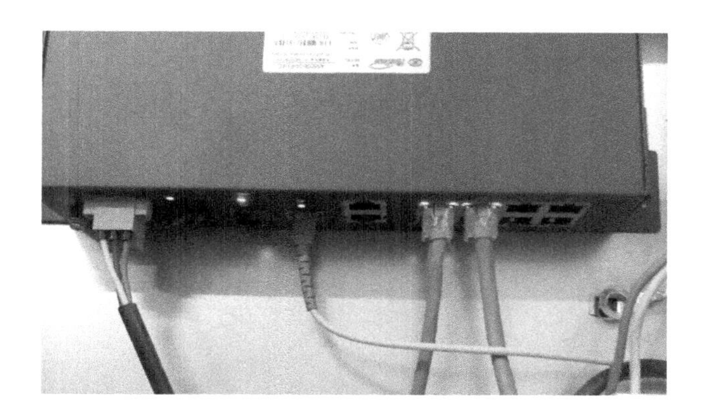

图 15-3　ONU 上尾纤插入处的 PON 灯亮，表示光纤线路畅通

图 15-4　光缆被电缆盖板压断

信息采集系统的通信恢复正常。

4. 防范要点

(1) 提高光纤敷设、光纤终端箱的安装质量，降低网络通信异常的概率。

(2) 加强终端巡视工作，一旦发现异常情况应及时处理。

案例 16　GPRS/CDMA 通信信号弱导致采集失败

摘要：本案例描述了由于 GPRS/CDMA 通信信号弱导致数据采集失败的现象，通过对此异常现象的分析、归纳，提出了解决此类异常的方法，以便提升异常诊断处理能力，提高运行与维护的质量和效率。

异常分类：GPRS 远程通道 采集终端异常

1. 案例描述

某市供电公司采集运行与维护人员从系统侧发现一新装小区的集中器在接入用电信息采集系统后，采集成功率始终为 0。检查系统侧参数、任务均正确，但是公变集中器一直处于离线状态，如图 16-1 所示。

图 16-1　系统公变集中器离线记录

2. 原因分析

采集运行与维护人员到现场进行异常原因排查。首先，检查集中器外观、封印，均正常；其次，检查集中器的信号强度、通信模块、SIM 卡等，发现由于集中器安装在地下室位置，GPRS 信号未覆盖，造成远程通信信号弱或无信号，如图 16-2 所示。

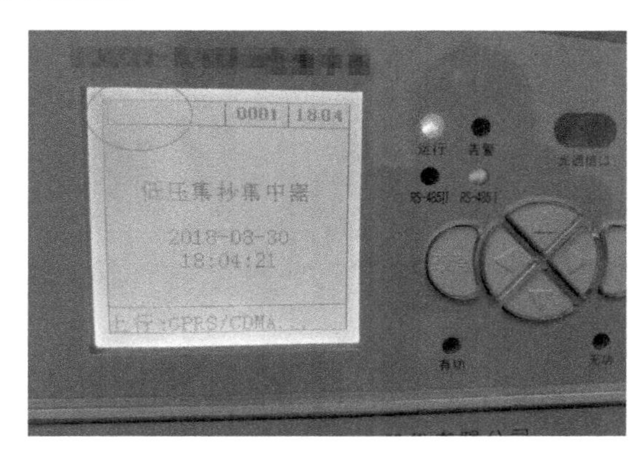

图 16-2　集中器无通信信号

采集运行与维护人员随即采取加装信号放大器设备(图 16-3)，解决了集中器信号未覆盖问题，集中器得以与系统侧建立了通信连接。

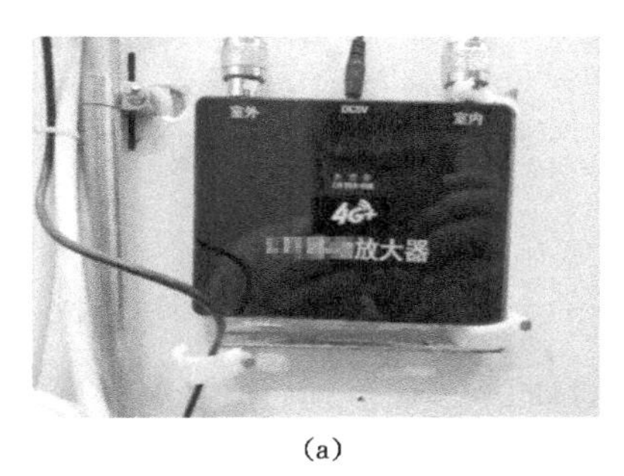

(a)

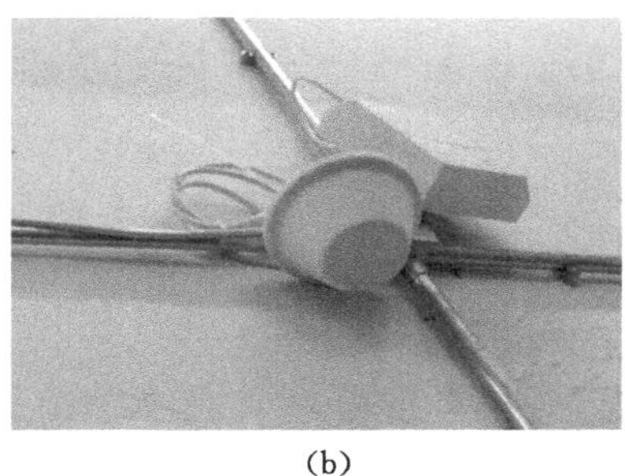

(b)

图 16-3　加装信号放大器解决信号覆盖问题

通信信号弱导致集中器与主站通信失败的原因有以下几种：

(1) 集中器原先使用的运营商数据卡信号没有覆盖。

(2) 集中器天线所在位置通信信号弱。

3. 处理措施

（1）如果集中器原先使用的运营商数据卡信号没有覆盖，那么可在集中器安装位置测试其他通信运营商通信信号覆盖情况。如果该运营商通信信号已覆盖，可使用该运营商的通信服务，并在营销系统中完成采集点变更流程、进行资产变更。

（2）如果集中器所在位置通信信号弱，调试信息始终停留在PPP拨号状态，信号有时候只有1格，甚至时有时无，这说明信号很弱，那么应把天线从封闭的柜内移动至柜外、柜顶或靠近窗口位置，直到信号格数稳定在2格及以上，如图16-4所示。

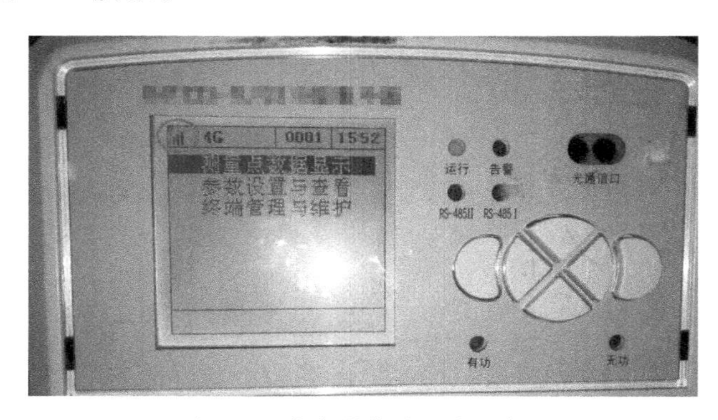

图16-4　集中器信号强度示意图

4. 防范要点

（1）新装、改造用户在设备安装阶段，要测试现场通信运营商的通信信号强度。若没有任何一家通信运营商的通信信号覆盖，则应事先联系用户进行信号覆盖，为了不影响送电以及送电后的数据采集，可采取安装信号放大设备，增强通信信号强度。

（2）采集运行与维护人员应加强现场巡视检查和对地下室通信信号强度的测试，以防止信号放大设备的电源、天线、馈线等异常导致通信信号减弱，影响集中器与系统的通信质量。

案例 17　采集终端通信模块和 SIM 卡异常导致与系统通信失败

摘要：本案例描述了采集终端通信模块异常和 SIM 卡异常的现象，通过对此类异常现象原因的分析、判断，提出了通信模块异常和 SIM 卡异常等类似问题的解决方法，以便提升异常诊断处理能力，提高运行与维护的质量和效率。

异常分类：通信模块异常 SIM 卡异常

1. 案例描述

某市供电公司的采集运行与维护人员在用电信息采集系统查看终端采集成功率时，发现有 1 台区专变采集终端的采集成功率为 0。进一步检查后，发现最后一次与系统通信时间为上一工作日，经与负责该片区的电工核实，排除停电的原因。工作人员初步分析为设备本体异常，随即安排现场核查，最终确认为专变采集终端通信模块和 SIM 卡异常，排除异常后系统恢复正常。

2. 原因分析

采集运行与维护人员到现场进行异常原因排查。首先，检查专变采集终端外观、封印，均正常；其次，按压专变采集终端上下左右键，均显示正常，没有死机；再次，观察专变采集终端屏幕发现左上角没有信号强度和登录成功标示，说明终端通信异常；最后，检查发现通信模块电源及通信灯均无指示，如图 17-1 所示。这说明通信模块存在问题。更换通信模块后，专变采集终端硬件初始化并上电后系统登录成功。

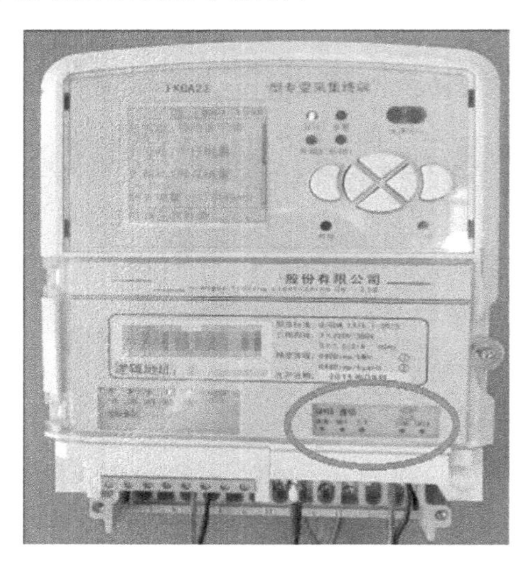

图 17-1　通信模块异常

上行通信通道异常导致终端与系统通信失败的原因有以下几种：

(1) 通信模块针脚歪断、SIM 卡槽变形、天线底座连接线虚焊脱落等异常。

(2) SIM 卡欠费或 SIM 卡烧坏，如图 17-2 所示。现场发现终端始终处于连接系统状态，通信模块电源指示正常，通信模块指示灯不亮，在排除现场信号异常的情况下，可判定为 SIM 卡异常。

(3) 专变采集终端天线被外力损坏，如图 17-3 所示。

3. 处理措施

(1) 将专变采集终端的工作电源断开，取下通信模块，更换新的通信模块，专变采集终端上电观测，通信恢复正常，这说明是通信模块异常。

(2) 如果更换新通信模块后，异常未解决，那么将专变采集终端的工作电源断开，更换 SIM 卡进行测试。如果通信恢复正常，则证明不是通信模块

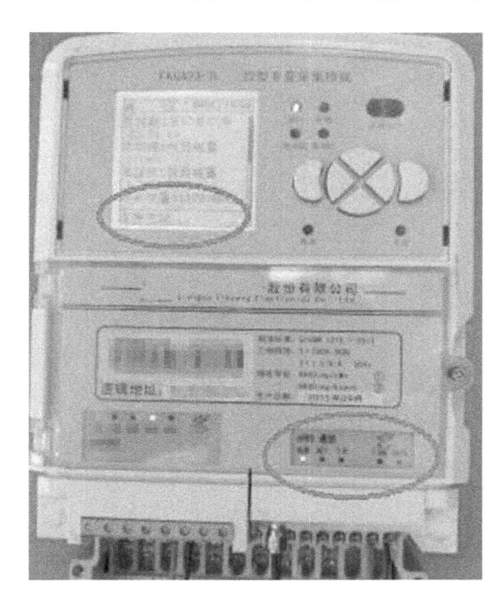

图 17-2　SIM 卡异常

图 17-3　专变采集终端天线损坏

异常而是 SIM 卡损坏或欠费(可以观测 SIM 卡是否变形,也可以使用检测设备对 SIM 卡进行检测,并电话询问是否欠费)。

(3) 专变采集终端天线被外力损坏的,应予以更换。

4. 防范要点

(1) 在插入通信模块前,应对模块针脚放电,避免残余电荷产生高电压,损坏芯片。

(2) 现场安装时应考虑馈线走向合理。天线位置应尽量安装在不易触碰处,防止意外或人为故意损坏天线设备。

(3) 采集运行与维护人员应加强现场巡视检查,发现柜门没有封闭,柜锁、封印损坏丢失等问题,应立即处理,以防 SIM 卡、天线被人为破坏。

案例 18　电能表时钟异常导致采集失败

摘要：本案例描述了电能表时钟异常造成数据采集失败的现象，通过对此类异常现象原因的分析、判断，提出了解决此类问题的方法，以便提升异常诊断处理能力，提高运行与维护的质量和效率。

异常分类：电能表时钟异常

1. 案例描述

2018 年 8 月 31 日 8 时，某市供电公司采集运行与维护人员在系统中检查用户编号为××××，用户名为××的专变采集终端时，发现 8 月 30 日的数据采集失败。采集运行与维护人员通过终端运行状态查询模块，发现此终端通信状态为“在线”，随后对专变采集终端进行实时及历史数据召测，发现三相电能表实时数据正常、历史数据失败，初步分析此电能表可能存在时钟异常问题。采集运行与维护人员对该三相电能表时钟进行透抄，结果发现电能表时钟异常，如图 18-1 所示。

2. 原因分析

采集运行与维护人员查看透抄结果时发现该三相表电能表时间为 17 时 30 分 49 秒，电能表日期为 2018 年 8 月 30 日，时钟电池电压为 2.50 V，电压偏低。电能表时钟错误导致电能表冻结时间错误，从而导致了

图 18-1　采集系统采集数据查询及运行情况监测界面

专变采集终端采集冻结数据时对比电能表的时间标签失败，进而导致数据采集失败，影响采集成功率，如图 18-2 所示。

图 18-2　透抄时间与系统时间对比界面

3. 处理措施

(1) 采集运行与维护人员现场使用手持终端(简称“掌机”)进行电能表核对时间，保证当日采集数据准确；

(2) 采集运行与维护人员根据计量装置故障流程，更换故障电能表；

(3) 采集运行与维护人员更换电能表后下发参数，检测后发现召测数据正常。

4. 防范要点

(1) 采集运行与维护人员在用电信息采集系统内检测到电能表时钟异常后，应及时更换电能表。

(2) 电能表更换时应做到当日发起当日处理完毕，避免影响次日系统的采集成功率及同期线损指标。

案例19　电能表RS-485端口异常导致采集失败

摘要：本案例描述了低压用户电能表RS-485端口异常造成数据采集失败的现象，通过对此类异常现象原因的分析、判断，提出了此类问题的解决方法，以便提升异常诊断处理能力，提高运行与维护的质量和效率。

异常分类：电能表RS-485端口异常

1. 案例描述

2018年11月12日8时，某市供电公司采集运行与维护班组通过用电信息采集系统监控到纬一路某小区3栋1单元4#用户、编号为××××的电能表的日冻结示值采集失败，实时召测电能表正向有功电能示值为空值，如图19-1所示。

采集运行与维护人员于当日9时25分抵达现场，用手持终端测试后发现电能表RS-485端口与采集器连接失败，如图19-2所示。检查电能表侧与采集器侧接线无异常，并检查采集器设备无异常。采集运行与维护人员用万用表测量电能表RS-485端口电压为0，理论上电能表RS-485端口电压应为3～5 V，因此判定电能表RS-485端口异常。次日更换电能表，现场用手持终端测试正常，如图19-3所示，采集功能恢复正常。

图 19-1　用电信息采集系统实时召测失败

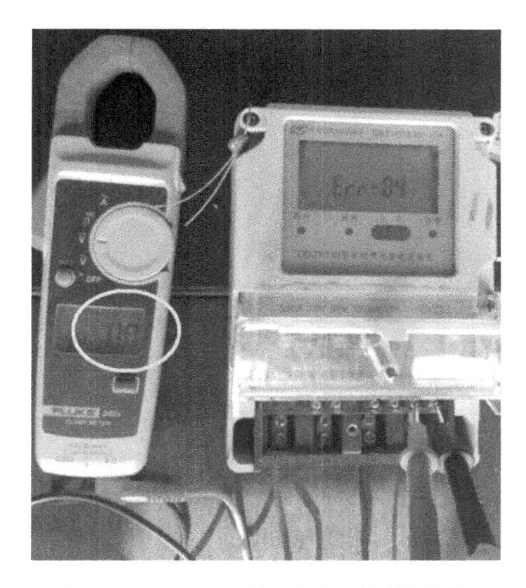

图 19-2　RS-485 端口损坏时测量结果

2. 原因分析

采集运行与维护人员通过用电信息采集系统分析可能是电能表质量问题或施工时接线错误导致电能表 RS-485 端口损坏，从而影响了电能表远程数据的采集。

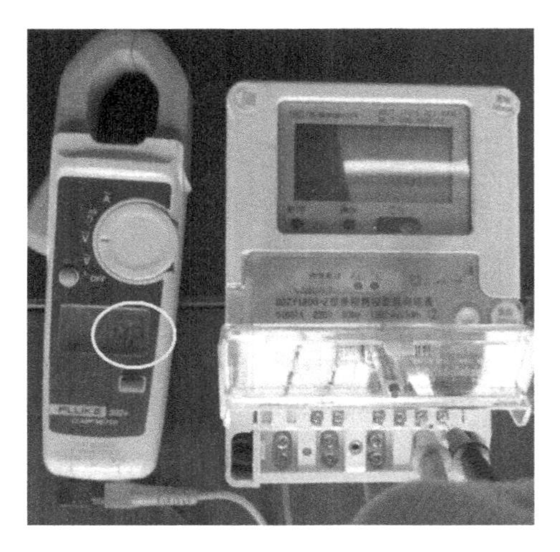

图 19-3　RS-485 端口正常时测量结果

3. 处理措施

(1) 采集运行与维护人员核实用电信息采集系统内该用户电能表的数据采集情况;

(2) 采集运行与维护人员判定异常原因;

(3) 安排工作人员更换电能表;

(4) 核实更换电能表后该用户的数据采集情况,如有问题应及时调整。

4. 防范要点

(1) 采集运行与维护人员应每日监控用电信息采集系统异常用户,对异常现象及时消缺整改。

(2) 及时更换故障电能表,提高数据采集效率。

案例20　电能表黑屏、死机、断电导致采集失败

摘要：本案例描述了电能表黑屏、死机、断电造成电能表数据无法正常采集的现象，通过对此类异常现象原因的分析、判断，提出了解决此类问题的方法，以便提升异常诊断处理能力，提高运行与维护的质量和效率。

异常分类：电能表黑屏、死机、断电

1. 案例描述

某市供电公司采集运行与维护人员经过数日观察，发现××台区下某块电能表始终处于采集失败状态，在用电信息采集系统召测 F161 正向有功电能显示值均为空值。采集运行与维护人员通过用电信息采集系统核实该表箱内电能表采集正常。

2. 原因分析

采集运行与维护人员到现场进行异常原因排查。

(1) 检查电能表外观后发现电能表黑屏，对按键进行操作，电能表显示屏仍为黑屏。

(2) 采集运行与维护人员对表箱内的其他电能表进行按键操作，其他电能表均能正常显示，排除了此表箱曾经发生过断电情况。

(3) 采集运行与维护人员使用万用电表对黑屏电能表进线侧的电压进行测量，显示为 220 V，排除此电能表断电情况。

(4) 经过上述分析排查，此电能表的内部可能已经损坏，导致其黑屏，需更换电能表。

3. 处理措施

(1) 如果检查后确定电能表进线无电，那么应查明原因，确保电能表供电正常。

(2) 对电能表进行多次按键操作，如果显示屏始终为同一界面时，那么可以确定为电能表死机，需要更换电能表。

(3) 在对电能表进行按键操作时，如果显示屏始终为黑屏，那么排除电源原因，可以确定为电能表黑屏，需要更换电能表。

4. 防范要点

(1) 要优先从系统侧分析、查找原因，提升系统排除异常的能力，降低现场工作难度和工作量。

(2) 通过用电信息采集系统观测发生黑屏的电能表所属台区的总表连续多天的电压曲线，防止因电压过高，导致台区下其他用户电能表黑屏等情况。图 20-1 为台区总表某一天的电压曲线，将鼠标放置相对较高的几个数

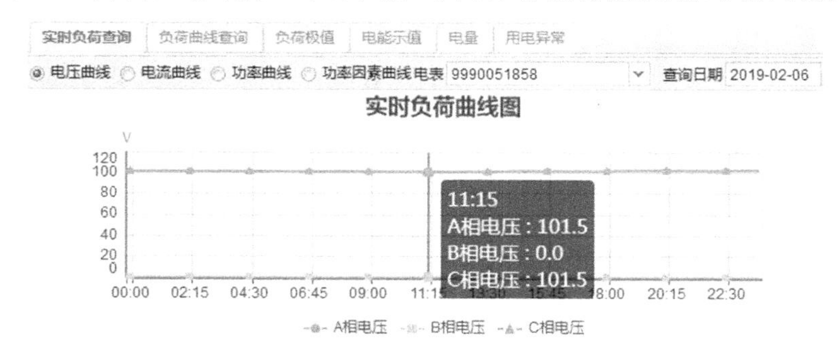

图 20-1　实时负荷曲线图

据点上，可显示三相具体电压值。

（4）对同一型号的电能表出现异常的类型、频次，可能发生异常的原因进行归纳梳理，以便于解决后期问题。

案例21　电能表载波模块配置错误导致采集异常

摘要:本案例描述了因为电能表载波模块配置错误导致电能表采集失败的现象,通过对此类异常现象原因的分析、判断,提出了载波模块(配置错误)或端口异常等此类问题的解决方法,以便提升异常诊断处理能力,提高运行与维护的质量和效率。

异常分类:载波模块端口异常

1. 案例描述

2018年11月2日,采集运行与维护人员在进行终端采集失败原因排查时发现某台区下有几块用户电能表始终处于离线状态。单户召测失败,电能表其正向有功电能示值均无返回值,如图21-1所示。

2. 原因分析

采集运行与维护人员到现场进行异常原因排查。

工作人员首先需要确定采集失败的电能表与集中器的通信方式为载波通信方式,还是直接通过电力线将电量数据传给集中器的全载波方式。工作人员将异常现象范围限定在电能表载波模块配置错误上,具体排查需要以下五个步骤:

第一步,核对电能表的信息与用电信息采集系统中的信息是否一致。

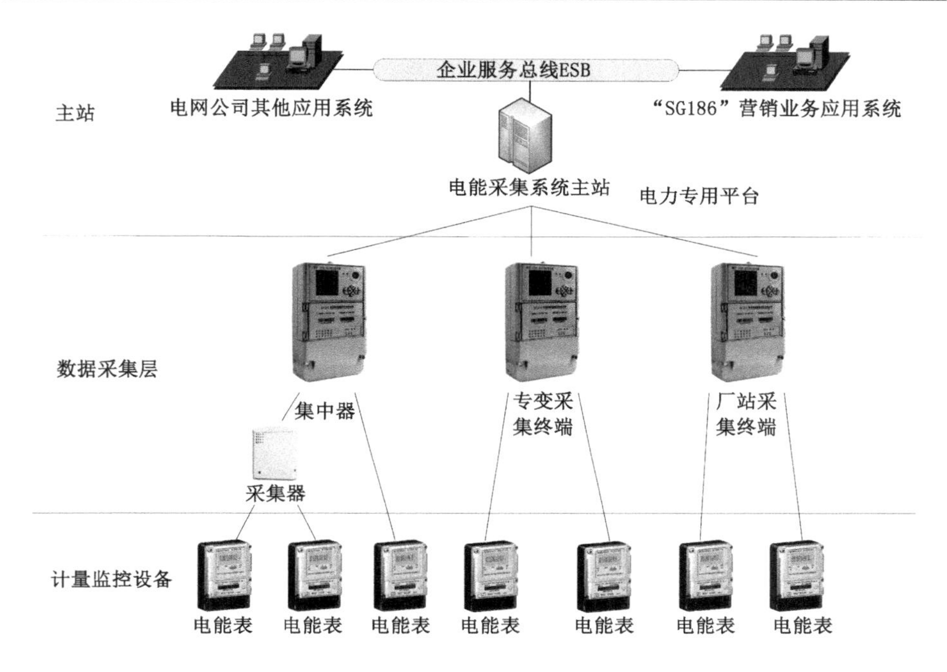

图21-1　用电信息采集系统组成示意图

第二步，观察电能表是否黑屏，检查后发现电能表外观显示正常，且无损坏现象。

第三步，查看电能表时钟是否存在超差(一般超差范围要控制在5 min以内)。

第四步，在确认集中器载波模块厂家后，核对电能表的载波模块厂家与集中器载波模块厂家是否一致，即一个台区只使能用一种方案，集中器内的载波模块、户表内的载波模块都应是同一个厂家生产的。

第五步，查看电能表版本。2013版电能表可以兼容2009版模块和2013版模块，而2009版电能表只兼容2009版模块。如果是2013版电能表，则直接用手持终端读取电量数据，看是否能正常返回。如果是2009版电能表，查看模块是否为2009版，如果不是，则更换为相应厂家的2009版模块。如果是2009版，则直接用手持终端读取电量数据，看是否能正常返回；如果电量数据不能正常返回，那么判断电能表载波模块损坏，需更换电能表载波模块。经检查判断,该电能表为2013版电能表,其载波模块损坏。

排查采集器与电能表之间是否异常,可以分以下两个步骤进行:

第一步,检查电能表的RS-485端口与采集器的RS-485端口连接是否正确。RS-485端口有A、B(或正、负)之分,连接时应将采集器RS-485端口的A、B口与电能表RS-485端口的A、B口对应连接。如不正确或无法判断是否正确,应用万用电表测量相应接口线是否导通,并正确接线。

第二步,检查电能表RS-485端口是否存在虚接或异常。直接在RS-485端口抄读电能表,看是否成功,如果失败,重新连接;如果继续抄读,仍然失败,则可能是电能表RS-485端口损坏,需更换电能表。

3. 处理措施

(1) 如果电能表信息存在错误,那么从系统中更正电能表信息并下发。

(2) 如果电能表时钟存在超差,则进行现场对时。

(3) 如果电能表载波模块是错误的,则需更换为与集中器相同厂家的载波模块。

(4) 如果电能表和模块版本不兼容,那么需要更换相应版本载波模块。

4. 防范要点

(1) 加强系统中电能表的档案维护,降低现场维护难度。

(2) 提高批量新装电能表的验收质量。

案例 22　采集终端 RS-485 端口通信线错接、虚接导致采集失败

摘要：本案例描述了采集终端 RS-485 端口接线错误（错接、虚接）造成终端数据采集失败的现象，通过对此类异常现象原因的分析、判断，提出了解决此类问题的方法，以便提升异常诊断处理能力，提高运行与维护的质量和效率。

异常分类：采集异常 接线错误

1. 案例描述

某市供电公司采集运行与维护人员从系统侧发现有一个电源开闭所的集中器，在接入用电信息采集系统后一直处于在线状态，但日冻结数据采集失败，透抄电能表的实时数据失败，检查系统侧参数配置、任务均正确，如图 22-1和图 22-2 所示。

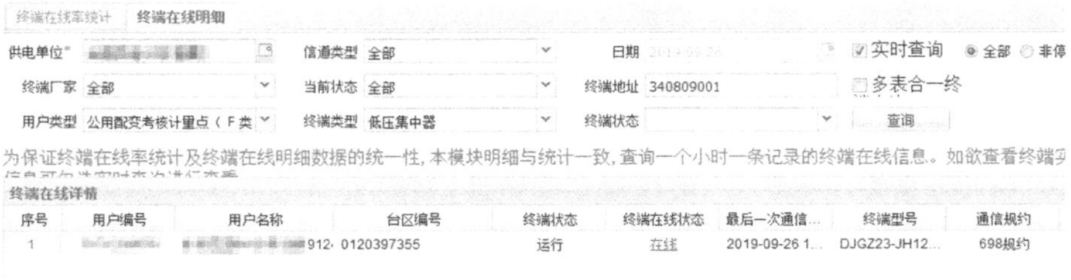

图 22-1　系统集中器在线

	供电单位	终端地址	终端类型	通信方式	生产厂家	投运日期	查看任务	查看...
1		340809001	低压集中器	GPRS	杭州炬华	2012-12-21	查看	原始

	测量点号	电能表资产号	所属测量点号	通信端口号	通信速率	通信协议类型	通信地址	通信密码
1	3	21009910951847	3 / 3 / 3	2 / 2 / 2	2400波特率 / 2400波特率 / 2400波特率	DL/T 645—2007 / DL/T 645—2007 / DL/T 6...	10951847 / 10951847 / 1095...	0 / 0 / 0

任务编号	终端地址	采集点编号	任务类型	任务名称	测量点号	测量点数量	任务启用时间	主站采集数据点数	任务启用标记	状态编码	终端上报/主站主动召测基准...
65	340809001	20003290894	负荷类	【负控】96点...	3-3	1	2017-07-10 ...	96	启动	下发成功	2019-09-18 03:08:04
12	340809001	20003290894	负荷类	【负控】96点...	3-3	1	2017-05-02 ...	96	启动	下发成功	2019-09-18 01:40:41
11	340809001	20003290894	负荷类	【负控】96点...	3-3	1	2017-05-02 ...	96	启动	下发成功	2019-09-18 02:27:48
10	340809001	20003290894	负荷类	【负控】96点...	3-3	1	2017-05-02 ...	96	启动	下发成功	2019-09-18 10:16:57
1	340809001	20003290894	负荷类	【负控配变】...	3-3	1	2017-05-02 ...	1	启动	下发成功	2019-09-18 00:09:43
60	340809001	20003290894	抄表示值类	【集抄】698...	18-107,109-1...	120	2017-05-02 ...	10	启动	下发成功	2019-09-18 03:09:44
59	340809001	20003290894	抄表示值类	【集抄】日冻...	18-107,109-1...	120	2017-05-02 ...	1	启动	下发成功	2019-09-18 05:43:50
7	340809001	20003290894	抄表示值类	分相电能示值	3-3	1	2017-08-01 ...	1	启动	下发成功	2017-08-01 02:00:13
5	340809001	20003290894	抄表示值类	【负控】月需量	3-3	1	2017-07-28 ...	96	启动	下发成功	2019-09-18 04:32:43
4	340809001	20003290894	抄表示值类	【负控】日抄...	18-107,109-1...	120	2019-09-18 ...	1	启动	下发成功	2019-09-18 02:38:17
3	340809001	20003290894	抄表示值类	【负控】日抄...	3-3	1	2018-11-13 1...	1	启动	下发成功	2018-11-13 01:41:06
2	340809001	20003290894	抄表示值类	【负控】日抄...	3-3	1	2017-05-02 ...	1	启动	下发成功	2019-09-18 02:39:54
40	340809001	20003290894	电量曲线类	【专公变68】...	3-3	1	2018-11-23 2...	96	启动	下发成功	2019-09-18 00:12:33
36	340809001	20003290894	电量曲线类	【专公变】测...	3-3	1	2017-07-25 ...	96	启动	下发成功	2019-09-18 00:53:12
201	340809001	20003290894	功率因素	【专公变68】...	3-3	1	2018-11-12 2...	1	启动	下发成功	2019-09-18 00:17:38
6	340809001	20003290894	综合类	【电能质量】...	3-3	1	2017-05-02 ...	1	启动	下发成功	2019-09-18 01:52:32
44	340809001	20003290894	其他	【集中器】终...	0-0	1	2016-11-22 1...	1	启动	下发成功	2016-11-22 00:37:25

图 22-2　终端参数配置、任务均正确

2. 原因分析

采集运行与维护人员到现场对异常原因进行排查。首先，检查电能表和终端的外观、封印后发现均正常；其次，在通过终端读取电能表实时数据时，发现其通信异常；最后，在检查 RS-485 端口通信线时，发现 RS-485 端口通信线红绿线接反，且存在虚接现象，如图 22-3 所示。工作人员将接入采集终端的两根 RS-485 端口通信线对调，紧固螺丝后进行调试，采集恢复正常。

采集终端 RS-485 端口接线错接、虚接还有以下几种情形：

(1) 采集终端 RS-485 端口通信线错接，如图 22-4 所示。

(2) 采集终端 RS-485 端口通信线虚接，如图 22-5 所示。

(3) 采集器进出线是通过卡槽插拔方式连接的，卡槽内 RS-485 端口通信接触不良，也会导致抄表失败，如图 22-6 所示。

(a) 终端侧

(b) 电能表侧

图 22-3　RS-485 端口通信线接反且终端侧通信线虚接

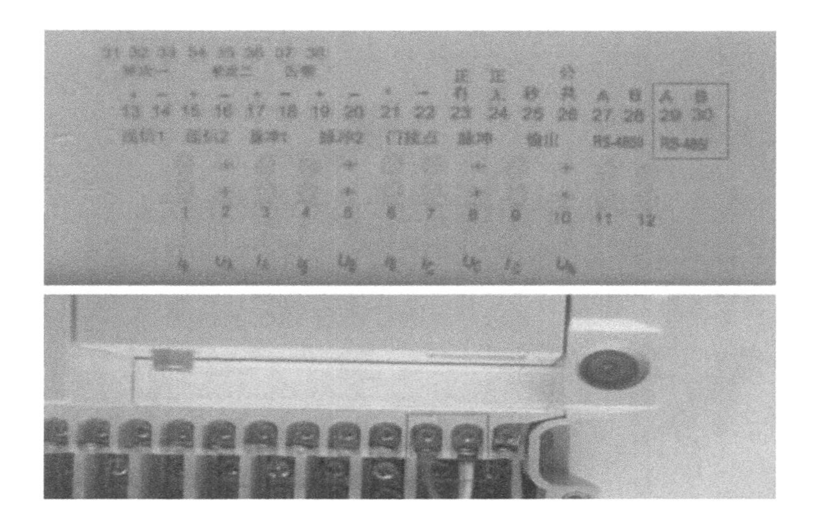

图 22-4　采集终端 RS-485 端口通信线错接

图 22-5　采集终端 RS-485 端口通信线虚接

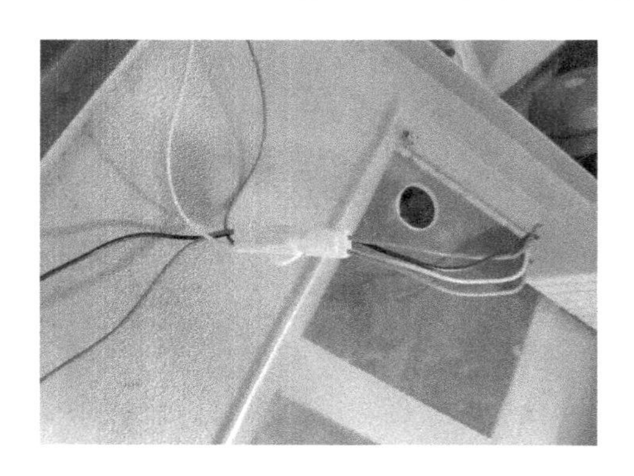

图 22-6　卡槽式连接头内 RS-485 端口通信线接触不良

3. 处理措施

（1）RS-485 端口通信线错接时，须改正，使之正确连接。

（2）RS-485 端口通信线虚接时，须重新连接牢固并紧固螺丝。

（3）当采集器的卡槽内 RS-485 端口通信线接触不良时，可以先通过万用电表测量导线电阻，如有问题，应更换采集器。

4. 防范要点

（1）要优先从系统侧分析并查找原因，提升系统排除异常的能力，降低现场工作难度，减少工作量。

（2）两根 RS-485 端口通信线尽量采用不同颜色线，提前做好电缆压接，接线完毕后再次检查接线是否正常，避免 RS-485 端口通信线错接、虚接。

（3）检查新装 RS-485 端口通信线的 A、B 两极是否正确，有无虚接、错接等问题。

案例23　低压用户电能表档案异常导致采集失败

摘要：本案例描述了低压用户电能表的档案异常造成数据采集失败的现象，通过对此类故障现象原因的分析、判断，提出了此类故障的解决方法，以便提升故障诊断处理能力，提高运行与维护的质量和效率。

故障分类：档案异常

1. 案例描述

2018年8月18日8时，某市供电公司××台区部分新接入用户的用电数据采集失败，运用用电信息采集系统召测F161正向有功电能后，其示值为空值。采集运行与维护人员现场核实电能表是否正常带电，同日11时现场工作人员反馈接入系统的电能表均为RS-485通信接口表，但用电信息采集系统显示为载波表，如图23-1所示。

2. 原因分析

工作人员初步判断此异常为用电信息采集系统流程、档案方面的问题。首先，登陆SG186营销业务应用系统后发现该电能表采集点流程并无异常，也未报错；其次，通过SG186营销业务应用系统内的资产信息维护与正常采集电能表进行对比分析，发现该电能表为RS-485通信方式，于是采集运行

图 23-1 用电信息采集系统显示为载波表

与维护人员现场加装采集器；接着，工作人员在 SG186 营销业务应用系统中将这批电能表资产信息中的电能表通信方式改为“RS-485 通信”，走采集点变更流程将采集器接入该终端下，并将这批电能表从终端下拆除后接入采集器下，同步检查并确认该电表的用电信息采集系统的通信方式为 RS-485 通信后，将 F10 参数下发到集中器中；最后，召测电能表数据，采集成功，如图23-2所示。

电能表、采集终端资产档案异常的原因还有以下几种：

(1) 电能表的地址码、通信规约、波特率等参数错误导致终端与电能表通信失败。

(2) 电能表脉冲常数错误导致终端脉冲测量点计算出的功率、电量值错误。

(3) 系统采集终端的地址码、通信规约等参数错误导致终端与系统主站通信失败。

3. 处理措施

(1) 如果电能表的地址码、通信规约、波特率等参数是错误的，那么在

(a) 修改前　　(b) 修改后

图 23-2　资产档案修改前后对比图

SG186 营销业务应用系统的资产信息维护模块中改正后，可以走采集点修改流程，并同步电能表信息到用电信息采集系统后，再召测验证 F10 参数下发结果和抄表结果。

(2) 如果是电能表脉冲常数错误，那么在 SG186 营销业务应用系统的资产信息维护模块中改正后，走采集点修改流程，同步电能表信息到用电信息采集系统后，召测验证脉冲常数并下发结果，对比分析脉冲测量点召测数据与 RS-485 端口测量点数据。

(3) 如果是系统采集终端地址码错误，那么在 SG186 营销业务应用系统中走采集点变更流程，先拆除错误终端，再重新走采集点新装流程，同步到用电信息采集系统后，召测验证 F10 参数和抄表参数 F25、F33 并确认更正结果。

(4) 如果是采集终端通信规约错误，在 SG186 营销业务应用系统中走采集点修改流程，归档前修改终端通信规约，同步到用电信息采集系统后，检查采集终端通信规约并确认更正结果。

4. 防范要点

（1）新装接入低压用户时注意电能表通信方式，如果是 RS-485 通信方式则需要现场加装采集器。

（2）如果电能表资产信息是错误的，应当举一反三，检查同批次电能表建档信息，及时处理批量错误信息。

（3）流程归档后，应检查终端通信与数据采集情况，做到及时发现及时处理。

案例 24 采集系统中台区电能表档案与现场不一致导致采集不稳定

摘要:本案例描述了台区内电能表的档案与现场信息不一致导致用电信息采集系统的不稳定,通过对此类异常现象原因的分析、判断,提出了解决此类异常的方法,以便提升异常诊断处理能力,提高运行与维护的质量和效率。

异常分类:台区划分差错

1. 案例描述

2018 年 8 月 29 日上午,某市供电公司采集运行与维护人员在用电信息采集系统中发现台区内某公变下电能表用电信息采集失败,召测电能表通信参数正常,召测实时数据返回却为空值,如图 24-1 所示。

2. 原因分析

工作人员进一步检查后,确定用电信息采集失败的电能表属于同一个采集器,在系统侧经过台区资料核查对比分析后发现用电信息采集失败的用户都可能被改接到了别的台区,应是台区划分错误所导致的。

采集运行与维护人员现场使用台区核查仪检查后发现,这些电能表在低压线路改造时,被接到附近另一台公变下。根据现场资料,在 SG186 营销业务应用系统中进行相应的流程变更后,这些用电信息采集失败的电能表

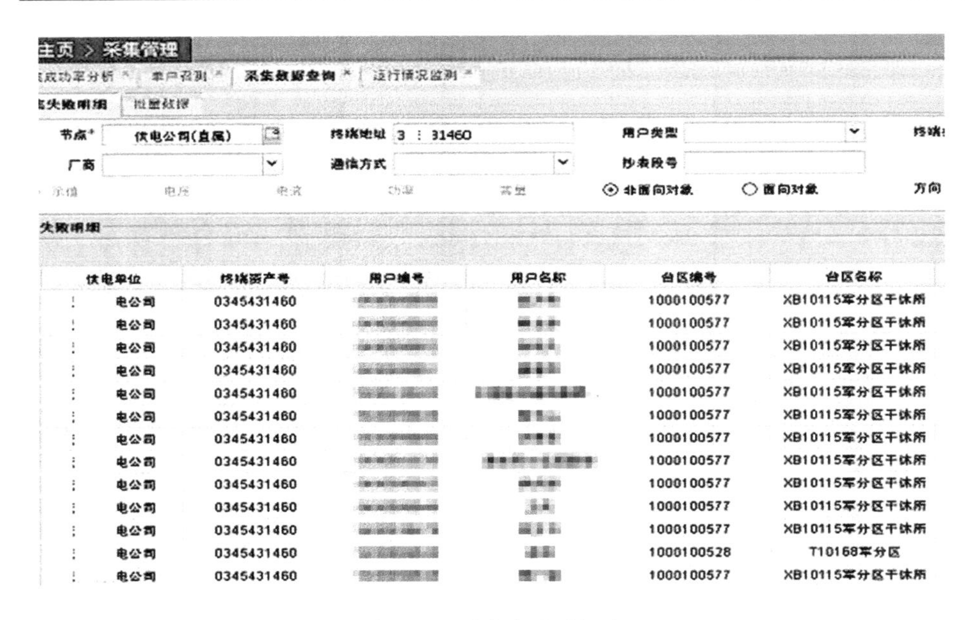

供电单位	终端资产号	用户编号	用户名称	台区编号	台区名称
电公司	0345431460	[illegible]	[illegible]	1000100577	XB10115军分区干休所
电公司	0345431460	[illegible]	[illegible]	1000100577	XB10115军分区干休所
电公司	0345431460	[illegible]	[illegible]	1000100577	XB10115军分区干休所
电公司	0345431460	[illegible]	[illegible]	1000100577	XB10115军分区干休所
电公司	0345431460	[illegible]	[illegible]	1000100577	XB10115军分区干休所
电公司	0345431460	[illegible]	[illegible]	1000100577	XB10115军分区干休所
电公司	0345431460	[illegible]	[illegible]	1000100577	XB10115军分区干休所
电公司	0345431460	[illegible]	[illegible]	1000100577	XB10115军分区干休所
电公司	0345431460	[illegible]	[illegible]	1000100577	XB10115军分区干休所
电公司	0345431460	[illegible]	[illegible]	1000100577	XB10115军分区干休所
电公司	0345431460	[illegible]	[illegible]	1000100577	XB10115军分区干休所
电公司	0345431460	[illegible]	[illegible]	1000100528	T10168军分区
电公司	0345431460	[illegible]	[illegible]	1000100577	XB10115军分区干休所

图 24-1　采集失败明细表

采集成功。

导致此类错误的原因有以下两种：

(1) 采集成功率波动，且台区线损为负。如果台区集中器中注册了别的台区的电能表，将会出现部分电能表的用电信息采集失败或采集不稳定。

(2) 台区线损持续为正，集中器中缺少了部分电能表，这部分电能表被注册到附近的台区集中器下，即台区因调整负荷将部分电能表转移到其他变压器或新增变压器下，档案没有及时调整或调整不完全。

3. 处理措施

(1) 当采集成功率异常波动，且台区线损为负时，使用台区核查仪，检查用电信息采集失败的电能表(往往是整单元、整幢楼的电能表)所属台区，找出台区集中器中注册的其他台区下的电能表。

(2) 当台区线损持续为正时，使用台区核查仪检查邻近负线损台区，如果发现本台区的部分电能表被注册到邻近负线损台区，那么应根据核查结果在 SG186 营销业务应用系统中进行相应的流程变更。

4. 防范要点

(1) 加强配电部门与营销部门的管理。在线路改接后,配电部门必须提供改接前后低压配电线路图。营销部门可据此在 SG186 营销业务应用系统中进行电源点变更后的采集流程变更。

(2) 在对电源点变更的采集流程进行变更时,营销部门应持续跟踪用电信息的采集成功率、线损变化情况,发现问题应当及时处理。

案例 25　电能表、采集终端 RS-485 端口接线错误造成采集失败

摘要：本案例描述了电能表、采集终端 RS-485 端口接线错误造成数据采集失败的各类现象，通过对此类异常现象的分析，提出了解决此类异常的方法，以便提升异常诊断处理能力，提高运行与维护的质量和效率。

异常分类：电能表、采集终端异常

1. 案例描述

某市供电公司有一新装公变的超市用户，其计量装置为配有 DTZY545 三相四线制的智能表，电流互感器变比为 100/5 A。工作人员从系统主站发现该用户开业以来的用电量均采集不到，日冻结数据采集失败，透抄电能表实时数据失败，但是系统主站侧的参数、任务、时钟均全部正确。

2. 原因分析

工作人员现场查找发现，电能表与终端本身正常，通信模块也正常，进一步检查发现电能表与终端通信失败，然后查找 RS-485 端口通信线，发现 RS-485 端口通信线红蓝线接反，如图 25-1 所示。红蓝线重新对调接上端子后，采集恢复正常。

电能表、采集终端 RS-485 端口发生类似情况的还有以下几种：

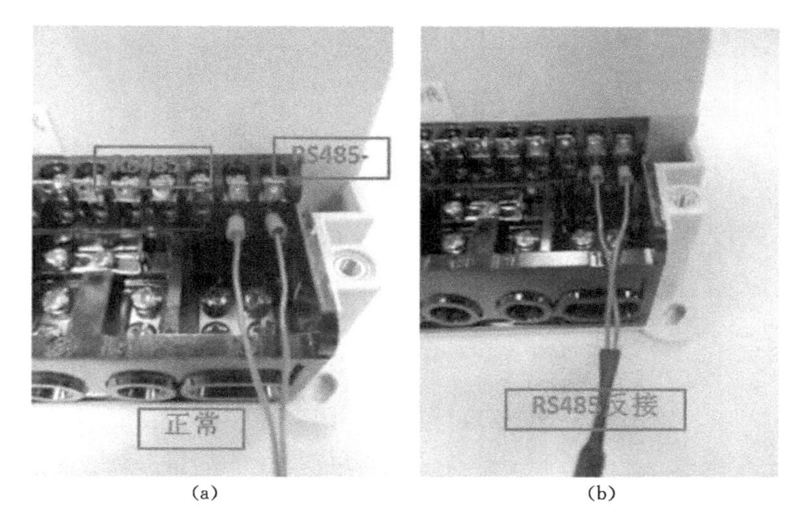

(a)　　(b)

图 25-1　采集终端 RS-485 端口通信线接反

(1) 采集终端 RS-485 端口通信线接错，如图 25-2 所示。

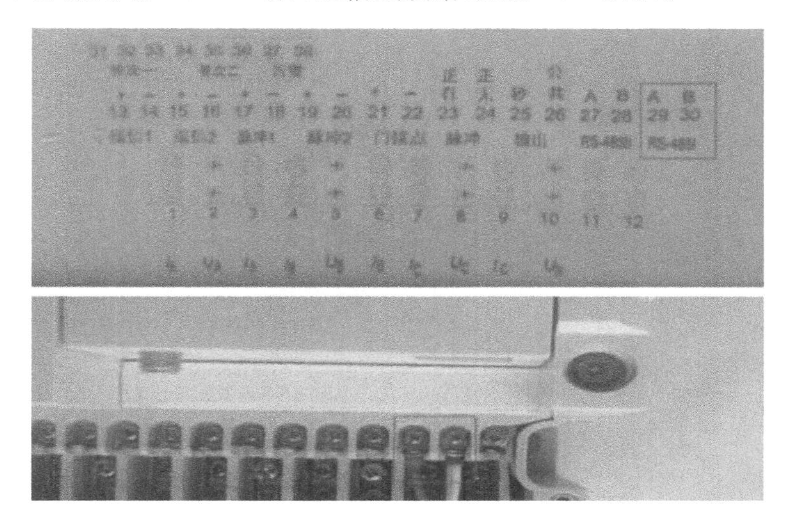

图 25-2　采集终端 RS-485 端口通信线接错

(2) 采集终端 RS-485 端口接线不牢固，存在破裂、断裂现象，如图 25-3 所示。

(3) 采集终端 RS-485 端口只有通过手持终端与电能表 RS-485 端口连

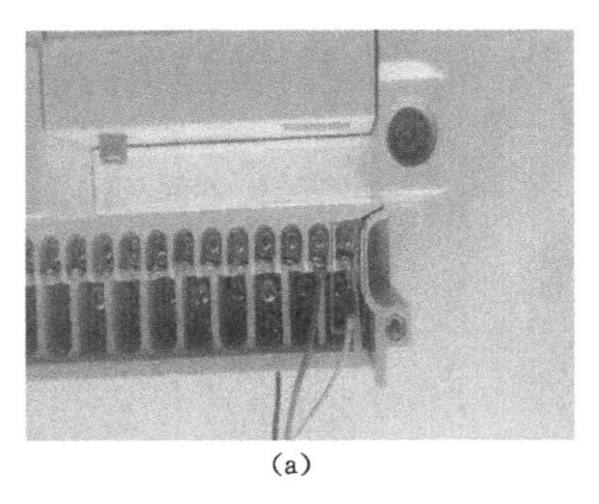
(a)

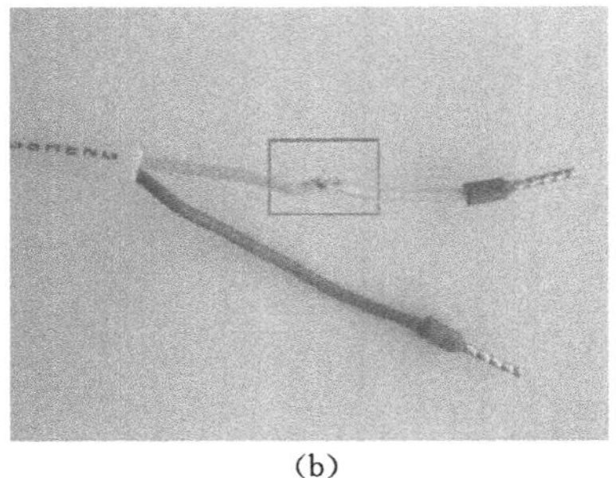
(b)

图 25-3　RS-485 端口接线不牢固、破裂

接才能正常获取电能表数据，判断采集终端 RS-485 端口损坏。

(4) 电能表 RS-485 端口损坏。电能表在受到雷击后，RS-485 端口也可能被损坏，如图 25-4 所示。

图 25-4　遭雷击破坏后的电能表 RS-485 端口

3. 处理措施

(1) 当发现 RS-485 端口接错时，应重新正确连接；如果 RS-485 端口接线不牢固，存在破裂、断裂现象情况时，须重新连接或重新布线。

(2) 如果发现采集终端 RS-485 端口损坏，应更换采集终端。

（3）如果发现电能表RS-485端口损坏，应更换电能表。

4. 防范措施

（1）在对新装、改造的用户进行计量装置验收时要测试当地的通信功能，仔细检查计量装置和采集终端的连接线，确保接线准确无误。

（2）系统侧要及时发现用电信息采集中的异常问题，并准确地判断出异常类型，为工作人员现场排查提供技术支持。

（3）工作人员应加强现场巡视、检查，发现类似柜门封闭不严、接线异常等问题，应立即处理。

案例26 运用用电信息采集系统查处某大工业用户窃电

摘要:本案例描述了运用用电信息采集系统发现某大工业用户用电异常,疑似有窃电嫌疑,通过进一步现场检查发现,该用户存在电流互感器二次侧短路分流窃电的现象,对该用户的窃电行为进行了查实处理。

分类:用电信息采集系统反窃电应用

1. 案例描述

2018年8月23日上午,某市供电公司反窃电小组到经济开发区对某35 kV大工业用户开展反窃电专项检查,发现该用户利用细铜丝私自短接接线盒与电能表之间进出电流二次导线实施分流窃电的行为。供电公司现场取证后对该用户下达《违约窃电通知书》,并处罚金额140.31万元。

2. 原因分析

(1) 案件起因。2018年8月初,某市供电公司反窃电人员在进行用电信息采集系统大数据分析检索时,发现某35 kV大工业用户的功率突变异常,存在重大窃电嫌疑。经前期系统分析,发现该用户自2018年7月16日起,A、B两相电流突然骤降至C相电流一半左右,导致功率突降,疑似短接分流窃电,如图26-1所示。

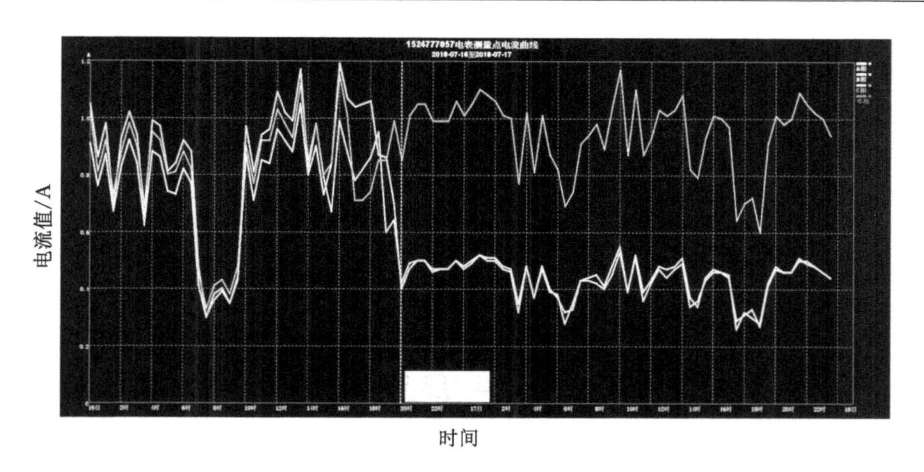

图 26-1　用电信息采集系统发现 A、B 相电流骤降

（2）查处过程。2018 年 8 月 23 日上午，供电公司现场组织反窃电联合小组对该户进行突击检查，发现该用户计量电能表、联合接线盒封印完好，计量装置的接线盒与电能表之间的二次导线有十分隐蔽的破皮，破皮处用细铜丝相连，造成了电流的二次短接分流。经测量，A、B 相电能表显示电流为 0.21 A，实际测量接线盒处 A、B 相电流为 0.3 A，两相电流差异均在 40%以上。工作人员在该厂电气负责人的见证下，进行现场取证，拆除短接铜丝后，现场实际二次电流与表计二次电流达到一致，计量工作恢复正常，如图 26-2所示。

3. 处理结果

在证据确凿并知晓利害关系后，用户承认窃电事实。经核对窃电时间与系统分析时间基本吻合。根据《供电营业规则》第一百条规定，供电公司对该公司作出如下处罚：追补电费 35.08 万元，缴纳违约使用电费 105.23 万元。

4. 案例启示

（1）精准分析定位，实现“点对点”精准打击

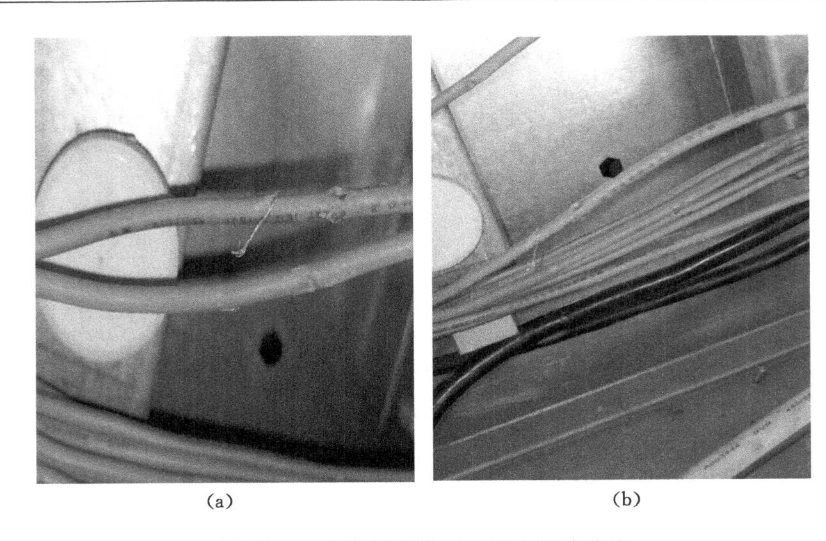

(a) (b)

图 26-2 电流互感器二次导线短接分流

在破获该盗窃电力案件时，供电公司运用用电信息采集系统精准锁定嫌疑用户，实现了“点对点”的突击检查，不仅极大地提高效率，还有效地避免用户临时销毁证据，起到了很好的震慑作用。

(2)“证据链”意识

案件侦破过程体现了供电公司的“证据链”意识。在案件侦破过程中，采取“拆除短接铜丝前后照片对比”“客户口供与系统分析窃电时间吻合”等证据相互印证的方法，形成“铁证”。

案例 27　专变采集终端预购电量异常导致开关跳闸

摘要：本案例描述了运用专变采集终端对用户实施预购电管理时，电能表计量异常导致客户开关跳闸的现象，通过对此类异常现象原因的分析、判断，提出了专变采集终端预购电异常的解决方法，以便提升异常诊断处理能力，提高运行与维护的质量和效率。

异常分类：专变采集终端预购电异常

1. 案例描述

2018 年 4 月下旬的一天下午，某市供电公司采集运行与维护人员接到某专变用户电话反映，其配电房总开关突然跳闸，只要开关合上就会立即跳闸，怀疑是预购电终端引起的跳闸，要求供电公司紧急处理。

2. 原因分析

工作人员随后对原因进行分析，分析步骤如下：

(1) 在用电信息采集系统召测终端剩余电量，召测数值为一个很大的负值(－14 191 815 kW・h)。召测终端控制状态为跳闸状态，确定用户开关跳闸是终端发出跳闸命令引起的。

(2) 工作人员在 SG186 营销业务系统检查其账户电费余额为 38 000 元，前三个月的平均电价为 0.86 元/(kW・h)，上月结算示值为 1 564 kW・h，当日电能表冻结示值为 1 573 kW・h，倍率为 1 000。经过计算，终端用户的剩余电量应为(38 000/0.86)－(1 573－1 564)×1 000＝35 186 (kW·h)。

(3) 召测电能表当前电能示值为 15 800 kW·h。用户电能表示值由 1 573 kW·h增加到15 800 kW·h,疑似示值突增,分析可能是电能表异常导致终端剩余电量计算异常。

3. 异常处理

采集运行与维护人员在系统侧将该终端设置成保电状态,通知用户送电,并报送异常换表申请。更换电表后检查每日剩余电量递减情况,确保恢复正常。

4. 防范要点

(1) 加强主站巡视管理,如果发现系统接口、通信通道、数据库、前置设备等出现不稳定的,工作人员应做到及时发现、及时处理。

(2) 加强对计量异常、采集异常的监控,发现终端或电能表异常时应及时处理。

(3) 加强现场巡视工作,特别是对预购电用户的终端、电能表的巡视。

案例 28　集中器中电能表档案与台区实际归属关系不一致导致采集不稳定

摘要:本案例描述了台户关系不一致影响抄表不稳定或抄表失败的异常现象,通过对此类异常现象原因的分析、判断,提出了解决此类跨台区异常的方法,以便提升异常诊断处理能力,提高运行与维护的质量和效率。

异常分类:跨台区 集中器中电能表档案异常

1. 案例描述

工作人员在实际工作中发现某台区中存在电能表抄表失败或抄表速度慢等现象(召测数据时看终端抄表时间判断),通过现场排查这些存在异常的电能表后发现这些电能表不属于该台区。

2. 原因分析

此类问题通常存在于以下两种情况下:一是串台区,台区档案中存在不属于该台区的电能表;二是分台区,即台区因调整负荷将部分电能表转移到其他变压器或新增变压器下,但是电能表的档案没有及时调整或调整不完全。

(1) 串台区

此类现象主要是因为一条高压线路下的两台或多台变压器距离很近,

主业单位将电能表档案信息错误地录入SG186营销业务应用系统内导致的。图28-1为串台区示意图。

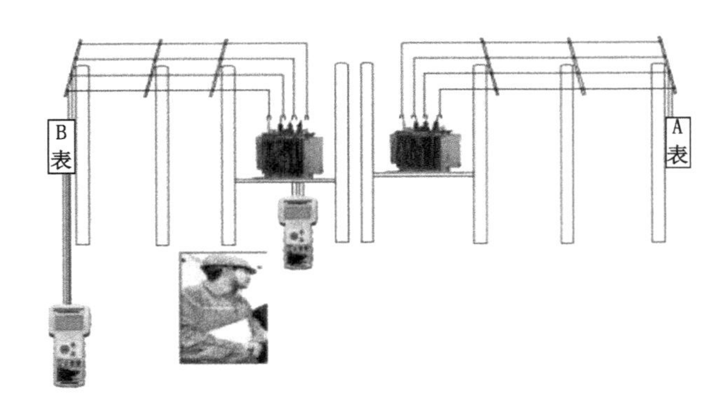

图28-1　串台区示意图

（2）分台区

由于原台区内用电负荷调整或线路改造等原因，需要在原有台区内增加变压器或者把部分用户电能表调整到其他变压器下，甚至将台区划分为多个台区，但原先所有档案都存在于原来的集中器中，导致变动到新台区中的电能表出现抄表不稳定甚至完全抄不到的现象。图28-2为分台区示意图。

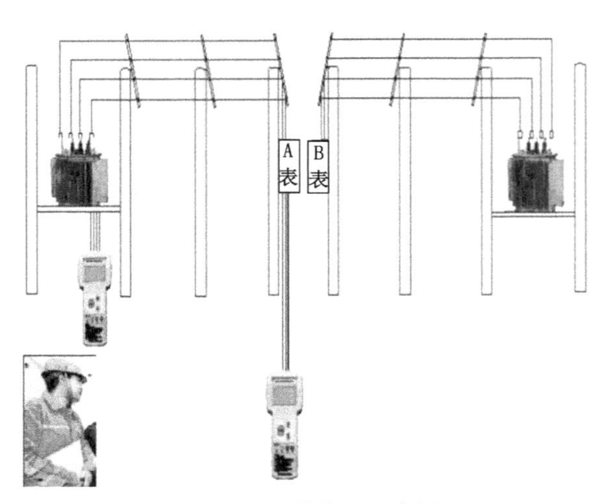

图28-2　分台区示意图

3. 处理措施

(1) 架空线路可现场通过观测台区线路关联关系。地埋电缆台变无法通过观测确定线路关联,且变压器开关也没有区别标识,此类情况下,可以采取通过台区识别仪、手持终端设备来判断。

(2) 手持终端判断台区的方法。在确认台区时,可用手持终端接电源后反复抄收问题采集器,如能快速抄到,基本可判断属于该台区。若几台变压器在一起,且不同变压器接电源后,能间断抄到同一采集器,这时可根据连接的不同相位来区别。如在 A 变压器接三相电源都可以抄到采集器,但在 B 变压器电源抄收只有一相、两相的读回数据,或者读回数据断断续续,则基本可判断采集器属于 A 变压器供电。

(3) 还有一种方法,例如:A、B、C、三点距离变压器由近到远,异常采集器出现在 C 点附近,在集中器端点 C 抄收不到用电信息数据,但 A 点或 B 点能抄到,此时可在 A、B 点接电源抄 C 点,如能抄到,基本可判断 A、B、C 点属于同一台区,以此类推。确定台区真实归属关系后应整理好电能表档案,并在系统侧重新注册。

4. 防范要点

此类问题往往出现在安装初期,而且对抄表成功率有较大影响。正确快速地处理这类问题能有效地提升地区整体抄表成功率,故在早期安装时应注意以下几点:

(1) 台区电能表的档案整理要清晰。

(2) 在新增用户、分容台区时,要做到现场操作与 SG186 营销业务应用系统档案同步一致。

(3) 在系统调整客户档案时,要保证与电源点的调整保持一致。

案例29 HPLC方案路由频段与电能表模块频段不同导致采集不稳定

摘要:本案例描述了HPLC(低压电力线宽带载波通信)集中器路由频段与电能表模块频段不一致导致采集失败的现象,通过对此类异常现象原因的分析、判断,提出了解决此类异常的方法,以便提升异常诊断处理能力,提高运行与维护的质量和效率。

异常分类:HPLC路由频段与电能表模块频段不一致

1. 案例描述

某市供电公司采集运行与维护人员从系统侧发现某HPLC试点台区自2018年7月装上HPLC模块开始,始终只抄到1块总表,台区下的其他用户电能表一直无法抄到数据。不仅无法采集抄表日冻结数据,而且透抄电能表的实时数据也是失败的。检查主站侧参数、任务、时钟,均全部正确。

2. 原因分析

采集运行与维护人员现场对信息采集失败的台区进行异常原因排查。首先,检查后发现电能表和终端外观、封印正常;其次,通过终端读取总表,发现通信正常;最后,通过终端读取漏抄用户电能表,发现通信异常。集中器可以抄到总表,基本可以断定终端正常,怀疑问题出在终端HPLC路由模块上。使用手持终端读取HPLC路由模块信息,发现HPLC路由频段锁定在 131 频段，而使用手持终端读取到电能表模块频段为 89 频段。按照国网公司《低压电力线宽带载波通信互联互通技术规范 第 3 部分：检验方法》(Q/GDW 11612.3—2016)，集中器本地通信模块 CCO 频段与 STA 频段一致时才能入网运行。至此可以断定 HPLC 路由频段不对，导致整个台区电能表采集失败。

3. 处理措施

将 HPLC 路由频段和电能表模块频段设为同一频段。

4. 防范要点

(1) 要求 HPLC 路由的供货厂家，严格按照技术标准要求设置频段，避免出现此类不必要的现场维护工作。

(2) 新装、改造的用户在对计量装置验收时要测试当地的通信功能，仔细检查计量装置，确保集中器可以与电能表通信。

案例30 微功率无线采集现场信号弱导致采集失败

摘要:本案例描述了微功率无线采集现场信号弱造成数据采集失败的现象,通过对此类异常现象原因的分析、判断,提出了解决此类异常的方法,以便提升异常诊断处理能力,提高运行与维护质量和效率。

异常分类:现场信号弱

1. 案例描述

某市供电公司新装一双模微功率无线采集集中器,该台区位于某标准小区中。采集运行与维护人员从系统侧发现,该集中器自安装并下发档案之日起,虽然系统侧日冻结数据返回正常,但是从曲线数据系统侧却无法看到数据记录,并且手动召测时的返回值也为空值。查看系统侧关于微功率的相关设置,并进行召测,相关数据设置正常。

2. 原因分析

采集运行与维护人员现场进行异常原因排查,排查步骤如下:

(1) 观察后发现采集器和终端外观、封印正常,采集器和集中器微功率天线也正常。

(2) 通过终端读取微功率曲线数据记录,集中器本地记录为空。

(3) 监控集中器微功率无线抄表动态，发现集中器正常抄读，但无数据返回。

(4) 到达采集器端，监控采集器微功率无线接收情况，发现等待时间远大于集中器抄表下发周期，采集器端微功率无线信号无法接收；工作人员使用工具测试采集器微功率无线信号，确认采集器端设备正常运行。

(5) 在采集器附近使用配套工具测试集中器端微功率无线信号强度，发现没有集中器端微功率的信号。

(6) 返回集中器附近，使用对应工具测试集中器微功率信号，发现此时信号正常；随后，逐步远离集中器端，并向采集器端靠近，实时监控微功率无线信号强度，发现此时信号虽有衰减，但依然存在。

(7) 关闭配电室房门，发现信号强度剧变。进行多次开启和关闭房门的信号检测，确定当配电室房门关闭，使配电室成为一个密闭空间后，信号强度会锐减，此时信号强度不足以支持集中器和采集器进行数据交互。

最后查看配电室外观发现，每一个窗户上都有铁网，配电室房门为铁门，配电室位于地下负二楼，最近的采集器位于居民楼一楼楼道内，使用手机与他人通信，无法听清。

综合以上现象初步得出：该处台区微功率无线设备无法抄收数据的主要原因是由于外部环境对于微功率无线信号的屏蔽影响。

3. 处理措施

(1) 将集中器移到其他区域，如采集器表箱中或者井道内。

(2) 在配电房外面加装微功率信号转接放大器，使集中器信号可以正常传输到采集器端。

(3) 移动集中器位置，使集中器微功率无线模块的天线可以伸出配电室外，在负一楼处加装采集器或者信号转接放大器，使信号可以正常传出地表，到达采集器端。

4. 防范要点

(1) 使用微功率无线采集集中器时，由于无线传输的功率较小，环境因素对信号会有较大影响。在安装使用该类设备时，应该尽量减少或者避开此类环境，同时如果附近有较强烈的干扰源，也要注意避开，以减少后期维护工作量和提高运行效率。

(2) 微功率无线设备一般都具有智能组网、级联传输功能，使用时可适当增加设备的覆盖率，从而确保设备后期运行的稳定性。

(3) 新装、改造的用户在计量装置验收时要测试本地的采集器通信功能，确保采集装置本地可以读取到相关数据。

(4) 要优先从系统侧分析查找原因，提升系统排除异常能力，降低现场工作难度和工作量。

参考文献

[1] 国网安徽省电力有限公司营销部(农电工作部).电力营销稽查工作实用手册[M].北京:中国电力出版社,2018.

[2] 国家电网公司人力资源部.用电检查[M].北京:中国电力出版社,2010.

[3] 谭玉茹,吴琦,李婷婷,等.用于计量异常事件分析系统的数据模拟算法[J].国网技术学院学报,2016,19(1):18-22.

[4] 吴琦.电能计量与装表接电[M].合肥:合肥工业大学出版社,2014.

[5] 吴琦.电能计量技能考核培训教材配套习题与解答[M].北京:中国电力出版社,2008.

[6] 吴琦,马璐瑶,李婷婷.智能电能表及其检定仿真培训软件的研制[J].安徽水利水电职业技术学院学报,2015,15(4):47-51.

[7] 吴琦,马璐瑶,王磊.一种电力系统故障模拟平台研究[J].合肥工业大学学报(自然科学版),2017,40(3):345-350.

[8] 张磊,王晓峰,李新家.电能信息采集系统运行及维护技术[M].北京:中国电力出版社,2010.